服装结构设计与实战

赵甫华／编著

艺术设计与实践 ●

清华大学出版社
北京

内 容 简 介

本书从服装的基础理论知识入手，以 AutoCAD 软件为平台，以服装设计真实案例为引导，按照深入浅出、循序渐进的方式，讲解服装从结构、打板到制版的详细设计技巧。特别是其服装结构设计原理及其变化方式，可以使读者能快速掌握制图到服装剪裁技术，作者借鉴国际流行的原型结构设计原理，规范出了一套适合大众体型的服装结构基本型，将现代时装结构设计带入了一个新的领域。

本书图文并茂，讲解深入浅出，具有时代感，把时尚元素与众多专业知识和软件特性有机地融合到每章的具体内容中。

本书适合所有从事服装设计制作的人员阅读，同时也可以作为大中专院校相关专业的教材。

图书在版编目（CIP）数据

服装结构设计与实战 / 赵甫华编著 . —北京 : 清华大学出版社，2017

（艺术设计与实践）

ISBN 978-7-302-46458-7

Ⅰ . ①服… Ⅱ . ①赵… Ⅲ . ①服装结构－结构设计－计算机辅助设计－ AutoCAD 软件 Ⅳ . ① TS941.26

中国版本图书馆 CIP 数据核字 (2017) 第 024677 号

责任编辑：陈绿春
封面设计：潘国文
责任校对：胡伟民
责任印制：沈　露

出版发行：清华大学出版社

网　　　址：http://www.tup.com.cn，http://www.wqbook.com
地　　　址：北京清华大学学研大厦 A 座　　　　　邮　编：100084
社 总 机：010-62770175　　　　　　　　　　邮　购：010-62786544
投稿与读者服务：010-62776969, c-service@tup.tsinghua.edu.cn
质量反馈：010-62772015, zhiliang@tup.tsinghua.edu.cn

印 装 者：北京嘉实印刷有限公司
经　　销：全国新华书店
开　　本：188mm×260mm　　　　印　张：17.5　　插　页：4　　　字　数：440 千字
版　　次：2017 年 7 月第 1 版　　　印　次：2017 年 7 月第 1 次印刷
印　　数：1 ～ 3500
定　　价：49.00 元

产品编号：071271-01

服装是穿于人体起保护、防静电和装饰作用的制品，其同义词有"衣服"和"衣裳"，中国古代称"上下衣裳"。最广义的衣物除了躯干与四肢的遮蔽物外，还包含了手部、脚部和头部的遮蔽物。服装是一种带有工艺性的生活必需品，而且在一定程度上反映着国家、民族和时代的政治、经济、科学、文化、教育及社会风尚面貌。

随着高科技的飞速发展，在国外，服装企业中 AutoCAD 的应用已高达百分之八九十。目前我国服装 AutoCAD 也逐渐渗透至服装行业中，利用服装 AutoCAD 代替人工操作的企业日益普及，这就要求我们培养出来的学生能够熟练掌握常用的矢量图和位图软件，能够操作至少一种服装 AutoCAD 系统。

本书内容

服装设计工作者与装饰装潢、城市规划、园林设计者一样，用 AutoCAD 平台作为服装设计辅助工具，是必须熟练掌握的。

本书图文并茂，讲解深入浅出，具有时代感，把时尚元素与众多专业知识和软件特性有机地融合到每章的具体内容中。

全书共 12 章，章章有特色。

- 第 1 章：主要介绍服装设计的基础理论知识，包括服装设计概述、服装设计原理、服装结构图设计方法、服装结构的构成方式等。

- 第 2 章：主要介绍服装制图中涉及到的 AutoCAD 软件的相关指令。

- 第 3 章：主要叙述服装原型的概念、原型的意义、原型的分类及服装原样的制作方法。

- 第 4 章：主要介绍女式上装的结构设计原理，更进一步介绍计算机辅助服装设计的专业知识。

- 第 5 章：我们重点学习间接法中基本型在服装结构设计方面的实际应用技术与要点知识，希望读者能够继续熟悉并掌握间接法中基本型构成原理及变化形式。

- 第 6 章：重点学习间接法中原型裙的结构设计原理，以及基型裙的制图方法，读者能够学会女式下装（时装裙）的打板技术，这是一个全新的领域。

- 第 7 章：继续利用 AutoCAD 以女式下装（裤子的结构设计）为例，将下装的结构设计原理，以及变化形式由浅到深逐一分析讲解，让学生慢慢开始对裤子的构成和变化有所了解并掌握变化要领，学到举一反三的能力。

- 第 8 章：以女式连身衣裙（连衣裙的结构设计）为例，将连体服装的结构设计原理，以及变化形式由浅到深逐一分析讲解。

- 第 9 章：讲授如何运用 AutoCAD 全新软件对服装工业用样板进行设计，从现代服装工业制板的基础知识开始逐步了解并掌握服装工业用样板的基本要求，内容涉及到基础样板的制作原理、成衣规格号型系列在样板中的体现、服装工业用样板的推档原理、计算机辅助设计等。

- 第 10 章：本章为女士时装样板设计综合练习，按照春、夏、秋、冬不同季节的女式时装进行分类，列举不同季节、不同款式造型的时装打板案例，包括晚装礼服等，全面进行打板综合练习。

- 第 11 章：讲授如何运用 AutoCAD 对男式服装样板进行设计，内容涉及到男式基础样板的制作原理、我国成年男性成衣规格号型系列，以及男式服装的结构设计案例，让读者学会运用计算机辅助完成成衣样板的设计。

- 第 12 章：专门介绍世界各国不同服装原型结构设计的方法，了解一些发达国家基础原型样板的结构设计图样，理解这些比较先进的原型样板的构成原理，为创造我们自己的基础样板会有极大的帮助。

本书配套资源下载地址

http://pan.baidu.com/s/1dEROnBj

本书作者借鉴国际流行的原型结构设计原理，规范出了一套适合我国人体体型的基本型，将现代时装结构设计带入了一个新的领域。

本书由服装专业教授、著名服装教育专家、成都华艺服装设计培训中心教学主任赵甫华老师编著。参加编写的还包括：张雨滋、黄成、孙占臣、罗凯、刘金刚、王俊新、董文洋、张学颖、鞠成伟、杨春兰、刘永玉、金大玮、陈旭、田婧、王全景、马萌、高长银、戚彬、张庆余、赵光、刘纪宝、王岩、任军、秦琳晶、李勇、李华斌、张阳、彭燕莉、李明新、杨桃、张红霞、李海洋、林晓娟、李锦、郑伟、周海涛、刘玲玲、吴涛、阮夏颖、张莹、吕英波。感谢您选择了本书，希望我们的努力对您的工作和学习有所帮助，也希望您把对本书的意见和建议告诉我们。

作者

2017 年 3 月

目录
CONTENTS

第 1 章　服装设计基础

第 2 章　制图前的软件操作与设置

第 3 章　原型平面构成设计

第4章　女上装结构设计与变化形式

第5章　时装上衣结构设计

第6章　女式时装裙结构设计

第7章　女下装（裤子）结构设计

第 8 章 女式连衣裙结构设计

第 9 章 服装工业用样板设计

第 10 章　女式时装打板经典案例

第 11 章　男式时装打板经典案例

第 12 章　各国流行原型样板参考

第 *1* 章   服装设计基础

本章导读

　　随着高科技的飞速发展，在国外，服装企业中 CAD 的应用已高达百分之八九十。而我国服装 CAD 逐渐渗透至服装行业中，利用服装 CAD 代替人工操作的企业日益普及，这就要求我们培养出来的读者能够熟练掌握常用的矢量图和位图软件，能够操作至少一种服装 CAD 系统。

本章知识点

◆　服装设计概论　　　　　　　　　　◆　服装结构的构成方式
◆　服装结构设计原理　　　　　　　　◆　服装设计对CAD软件的基本要求
◆　服装结构设计方法

1.1　服装设计概论

　　服装是穿于人体起保护、防静电和装饰作用的制品，其同义词有"衣服"和"衣裳"。中国古代称"上下衣裳"。最广义的衣物除了躯干与四肢的遮蔽物外，还包含了手部、脚部和头部的遮蔽物。服装是一种带有工艺性的生活必需品，而且在一定程度上反映着国家、民族和时代的政治、经济、科学、文化、教育及社会风尚面貌的重要标志。

1.1.1　服装设计的主要内容

　　服装设计的主要内容，归纳起来有以下四个重点。

➤　服装的款式设计：即国际最新流行趋势和消费者状况，它涉及到服饰文化、服饰美学与心理学，以及造型艺术的形式美法则等专业理论知识。如图 1-1 所示为当前流行的一些服装款式——女士裙；

图 1-1　流行服装款式——女士裙

➢ 服装的结构设计：服装的结构设计就是纸样设计，其目的是将款式设计中的艺术表现意图量化，从而使款式设计在某种技术条件下成为工艺加工的技术指令，如图 1-2 所示。

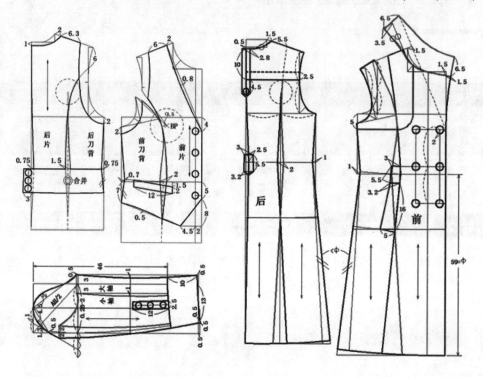

图 1-2　女上装结构

➢ 服装的工艺设计：即按照服装企业的批量生产的技术和设备条件制定出合理的生产加工工艺、工序和技术质量标准，如图 1-3 所示。

图 1-3　服装工艺设计

➢ 成品的市场营销设计：即成品的成本核算、市场的目标价格、利润及营销策略等。

1.1.2　服装设计的要素

服装设计包括以下三大要素：

1. 服装的款式造型设计

服装设计作为一门视觉艺术，外形轮廓能给人们留下深刻的印象，在服装整体设计中款式造型设计属于首要的地位。如图 1-4 所示为利用 Illustrator、Paint 等软件绘制的服装款式造型图。

图 1-4　服装款式造型效果图

2．服饰色彩设计

色彩往往是给观者留下第一印象的部分，它不仅体现着作品的整体意境，而且还表达着作者的心境与感情。在确定了整体系列的主色调后，接下来是对具体色彩的色相、纯度、明度等方面进行细致推敲。

下面介绍几种常见色彩搭配：

（1）同类色的搭配

在 24 色环上 15°以内的色彩组合。色相之间差别很小，色彩对比较弱，有相对统一及调和的效果，往往被看成一种色相不同层次的配合，即同一色相不同明度与彩度的变化，如图 1-5 所示。

图 1-5　同类色的配合

（2）邻近色的搭配

在 24 色中，任选一色和此色相邻的色彩进行搭配。一般被看成是同一色相里不同明度和彩度的色彩对比，参考范例如图 1-6 所示。

图 1-6　邻近色的搭配

（3）类似色的搭配

在 24 色环中相隔 30°~60°的色相对比。既保持了邻近色单一、柔和、主色明确等特点，同时又具有耐看的优点，是最容易出设计效果的色彩搭配，参考范例如图 1-7 所示。

图 1-7　类似色的搭配

（4）对比色的搭配

在 24 色上间隔 120°左右的色相对比。用色相、明度或艳度的反差进行搭配，有鲜明的强弱对比。其中，明度的对比给人明快清晰的印象，可以说只要有明度上的对比，配色就不会太失败。比如，红配绿、黄配紫、蓝配橙，如图 1-8 所示。

图1-8　对比色的搭配

（5）渐进色搭配

按色相、明度、艳度三要素之一的程度高低依次排列颜色。特点是即使色调沉稳，也很醒目，尤其是色相和明度的渐进配色。彩虹既是色调配色，也属于渐进配色，如图1-9所示。

图1-9　渐近色的搭配

（6）互补色的搭配

在24色环上间隔180°左右的色彩搭配，属最强色相对比，特点是鲜明、充实、有运动感，但也容易产生不协调、杂乱、过分刺激、动荡不安、粗俗、生硬等感觉，如图1-10所示。

图1-10　互补色的搭配

（7）单重点色彩搭配

让两种颜色形成面积的大反差。"万绿丛中一点红"就是一种单重点配色。其实，单重点配色也是一种对比，相当于一种颜色做底色，另一种颜色绘图形，如图1-11所示。

图1-11　单重色搭配

3．服装的面料设计

面料是服装制作的材料。服装设计要取得良好的效果，必须充分发挥面料的性能和特色，使面料特点与服装造型、风格完美结合，相得益彰。

1.1.3　服装设计、生产、销售的过程

设计基础、效果图、服装材料学、时装画技法、服饰配件设计、时装设计、成衣设计等课程目的是培养设计者掌握设计的法则和形式规律，以及形式美、材料美、技术美的辩证关系。培养具有创造性思维的现代服装设计意识和较高的综合设计技能，建立完整的服装设计体系概念。

一般中小企业服装设计、生产流程如图1-12所示。

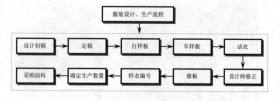

图1-12　服装设计、生产流程

1.1.4　服装设计师具备的素质

要想成为一名合格的服装设计师必须具备以下素质：

➢ 必须具备一个服装设计师应有的扎实的基本功，如：较强的款式、结构、工艺和市场营销方面的能力，还必须重视专业资料和各类信息的收集和整理；

➢ 必须不断完善自我、扩展思路，还要善于在模仿中学习提高；

➢ 要不断提高自己的审美能力和创造能力，树立起自我的审美观；

➢ 要学会观察分析，尽快让自己变得敏感起来；

➢ 要学会变化、学会更新，尽快让自己变得时尚起来；

➢ 要积极向上、直面困难，主动为自己创造实践的机会；

➢ 要善于总结，学会与人沟通、交流和合作。

1.2　服装结构设计原理

服装工程一般是由款式造型设计、结构设计、工艺制作三部分组成的。服装结构设计作为现代服装工程的重要组成部分，既是款式设计的延伸和发展，又是工艺设计的准备和基础。如图1-13所示为常见女式套装的结构设计范例。

图 1-13　女式套装结构设计

首先，结构设计将造型设计所确定的立体形态的服装廓体造型和细部造型分解成平面的衣片，揭示出服装细部的形状、数量、吻合关系，整体与细部的组合关系，修正造型设计图中的不可分解部分，改正费工费料的不合理的结构关系，从而使服装造型趋于合理完美。

其次，结构设计又为缝制加工提供了成套的规格齐全、结构合理的系列样板，为部件的吻合和各层材料的形态配置提供了必要的参考，有利于制作出能充分体现设计风格的服装，因此服装结构设计在整个服装制作中起着承上启下的作用。

服装结构设计包括整体与部件结构的解析方法、相关结构线的吻合、整体结构的平衡、平面与立体构成的各种设计方法、工业用系列样板的制定等基本方法；熟悉人体体表特征与服装上点、线、面的关系；性别、年龄、体型差异与服装结构的关系；成衣规格的制定方法和表达形式；号型服装的制定和表达形式。深入理解服装结构与人体曲面的关系，掌握服装适合人体曲面的各种结构处理形式、结构的整体稳定性，以及相关结构线的吻合、功能性和结构设计的关系等内容。重点掌握省道的设计、转移、联省成缝、舒适量确定等基本内容。

1.2.1 服装与人体结构的关系

人体构成即人体结构特征的主要体现。研究人体构成主要是为了使服装结构更具合理性、科学性，适合于人体结构特征。与服装相关的人体构成内容一般包括长度、围度、横截面、纵切面解剖及服装三度空间结构原理、人体活动的舒展幅度等。

下面让我们来了解一下与服装相关的人体的主要结构点、结构线、人体测量。

1. 人体基本结构点

根据人体测量的需要，将人体外表明显、易定的骨骼点、突出点设置为基准点（即人体结构点），结构点主要为服装设计的点定位提供可靠的依据，如图 1-14 所示。

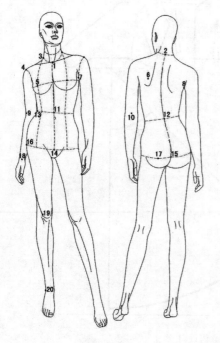

1. 前颈窝点　　　　2. 第七颈椎点　　　3. 肩颈点

4. 肩端点　　　　　5. 乳高点　　　　　6. 背高点

7. 前腋点　　　　　8. 后腋点　　　　　9. 前肘点

10. 后肘点　　　　　11. 前腰中点　　　　12. 后腰中点

13. 腰侧点　　　　　14. 耻骨联合处点　　15. 后臀中点

16. 臀侧点　　　　　17. 臀高点　　　　　18. 手踝骨点

19. 膑骨点　　　　　20. 脚踝骨点

图 1-14　人体结构点

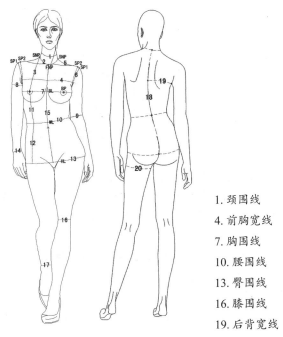

2．人体主要基本结构线

结构线是指能引起服装造型变化的服装部件、外部和内部缝合线的总称。结构线主要为服装设计的线定位提供可靠的依据，如图1-15所示。

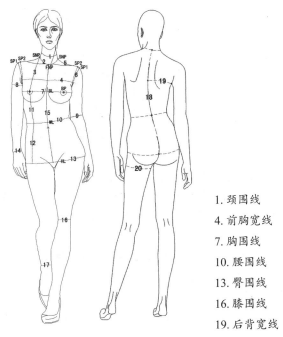

1．颈围线　　　　2．颈根围线　　　3．乳高线

4．前胸宽线　　　5．肩斜线　　　　6．臂根围线

7．胸围线　　　　8．臂围线　　　　9．肘围线

10．腰围线　　　11．前长线　　　　12．臀长线

13．臀围线　　　14．腕围线　　　　15．前中心线

16．膝围线　　　17．脚踝围线　　　18．后中心线

19．后背宽线　　20．腿根围线

图1-15　人体结构线

1.2.2　人体测量的方法

1．人体测绘

人体的测绘包括测量和描绘两部分。它适应高档成品服装的订制，这也是今后服装业发展的必然趋势。测量一般为长度、围度和宽度的测量。被测量的人与测绘者间距在1~0.6米之间。通过测量得到数值后再斜角度观察人体前后左右的结构特征，然后运用服装技术绘制要求，描绘出人体静态直立的图形。图形可分为正面、侧面和背面三种角度。

表1-1为服装部位的代号名称。

表1-1　服装部位代号表

部位名称	代号	部位名称	代号	部位名称	代号	部位名称	代号
衣长	L	腰围	W	中臀围线	MHL	侧颈点	SNP
裤长	L	肩宽	S	袖肘线	EL	胸高点	B.P
裙长	L	领围	C	袖窿线	AH	袖肘点	EP
袖长	L	胸围线	BL	肩端点	SP		
胸围	B	腰围线	WL	前颈点	FNP		
臀围	H	臀围线	HL	后颈点	BNP		

2. 测量注意事项

➤ 量体时要留心观察体型特征，如有特殊部位，应做好体型符号记载，以备裁剪时参考，如图1-16所示。

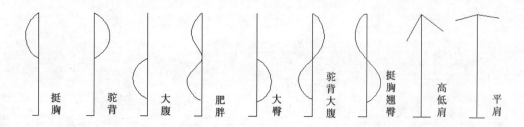

挺胸　　驼背　　大腹　　肥胖　　大臀　　驼背大腹　　挺胸翘臀　　高低肩　　平肩

图1-16　体型符号

➤ 软尺不能拉得太紧或太松，以顺势贴身为宜。测量长度时，应要求被测量者取直立或静坐两种姿势。直立时两脚要合并，且成60°分开，全身自然伸直，头放正，双眼正视前方，两臂自然下垂贴于身体两侧。静坐时，上身自然伸直与椅面垂直，小腿与地面垂直，上肢自然弯曲，两手平放在大腿上。

➤ 进行人体测量时，长度测量一般随人体起伏，通过所需经过的基准点进行测量。围度测量时右手持软尺的零起点一端紧贴测量点，左手持软尺沿基准线水平围测一周，以放入两指松度为宜，不能过紧或过松。测量尺寸时应在内衣上进行，测的尺寸为净尺寸。

➤ 测量时要顺序进行，以免有部位漏掉。上衣一般以测量衣长、背长、胸围、腰围、臀围、肩宽、袖长、领围等为序。

➤ 裤子的测量顺序为：裤长、股上长、腰围、中臀围、臀围、大腿根围、脚口。

➤ 认真听取被测者的意见和要求，尤其要问清楚款式的特点和穿着的习惯。

3. 基本部位的测量

一般测量长度尺寸时，量尺需自然下垂量取。测量围度尺寸时，应以水平净体（被量者穿一件内衣）量取，然后根据款式造型再添加放量。

围度加放量一般考虑三方面因素：

➤ 人体的自动量（呼吸量）

➤ 功能性（活动量）

➤ 款式造型（宽松、合体或紧身）

长度以身高的等分值加上款式造型确定。成年女性人体测量方法为：先测量长度，再测量围度，最后测量宽度。如图1-17所示为女性人体的测量图例。

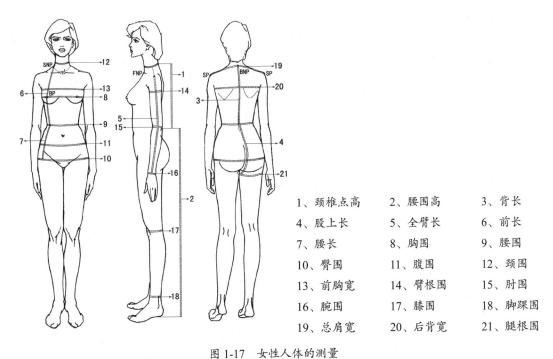

1、颈椎点高	2、腰围高	3、背长
4、股上长	5、全臂长	6、前长
7、腰长	8、胸围	9、腰围
10、臀围	11、腹围	12、颈围
13、前胸宽	14、臂根围	15、肘围
16、腕围	17、膝围	18、脚踝围
19、总肩宽	20、后背宽	21、腿根围

图 1-17　女性人体的测量

1.2.3　认识服装型号及编码的意义

1．体型的分类

体型的分类：根据我国服装 GB/T1335-97 将人体体型划分为四类，代号分别为 Y、A、B、C。表 1-2 列出了服装的体型分类。

表 1-2　人体体型

体型 胸腰差	Y	A	B	C
成年女性	24~19	18~14	13~9	8~4
成年男性	22~17	16~12	11~7	6~2

2．服装号型和规格系列的设置

服装号型的国家标准是建立在大量科学调查的基础上研究制定的与国际接轨的服装号型标准，具有准确性和权威性。

（1）服装号型的表示方法。

根据我国服装 GB/T1335-97 规定，成品服装上必须标明号 / 型和体型分类代号。如女上装 160/84A，其中"160"代表号，表示身高 160cm，"84"代表型，表示净胸围 84cm，A 代表体型类别。再如下装 160/66A，其中"160"代表号，表示身高 160cm，"66"代表型，表示净腰围 66 厘米，A 代表体型类别。

注：160/84A 为我国成年女性中间标准体。

170/90A 为我国成年男性中间标准体。

需要说明的是，服装号型中以胸腰围的差数为划分体型依据，这具有科学性和实用性，涵盖面相当广。但人体毕竟是千差万别的，在实际操作中，还需考虑以下两点与人的体型相关的因素。

➤ 第一：前颈腰长与后颈腰长的差，即前后腰节差。这个数值最能表示出正常人体与挺胸凸肚体或躬背体型的差别，也可用来作为划分体型依据。前后腰节差一般是女装打板时需经常考虑的因素。

➤ 第二：各种人体有关尺寸的比例，例如体重与身高之比，某一围度尺寸与身高之比，不同围度的尺寸之比等。

（2）服装规格系列的设置。

服装规格系列设置的方法：以各体型的中间标准体为中心，向两边依次递增或递减；身高以5cm为一个规格挡差；胸围以4cm为一个规格挡差；腰围以4cm或2cm为一个规格挡差；身高与胸围搭配组成5.4系列号型，身高与腰围搭配组成5.4、5.2系列号型。

（3）服装号型规格系列控制部位数值。

控制部位是指在设计服装规格时必须依据的主要部位。长度方面有身高、颈椎点高、坐姿颈椎点高、全臂长、腰围高；围度方面有胸围、腰围、颈围、臀围、总肩宽。

➤ 成年女性号型系列控制部位数值如表1-3~表1-10所示。

表1-3 5.4、5.2Y号型系列控制部位数值表　　　　单位：cm

部位	Y 数值													
身高	145		150		155		160		165		170		175	
颈椎点高	124.0		128.0		132.0		136.0		140.0		144.0		148.0	
坐姿颈椎点高	56.5		58.5		60.5		62.5		64.5		66.5		68.5	
全臂长	46.0		47.5		49.0		50.5		52.0		53.5		55.0	
腰围高	89.0		92.0		95.0		98.0		101.0		104.0		107.0	
胸围	72		76		80		84		88		92		96	
颈围	31.0		31.8		32.6		33.4		34.2		35.0		35.8	
总肩宽	37.0		38.0		39.0		40.0		41.0		42.0		43.0	
腰围	50	52	54	56	58	60	62	64	66	68	70	72	74	76
臀围	77.4	79.2	81.0	82.8	84.6	86.4	88.2	90.0	91.8	93.6	95.4	97.2	99.0	100.8

表1-4 5.4、5.2A号型系列控制部位数值表　　　　单位：cm

部位	A 数值						
身高	145	150	155	160	165	170	175
颈椎点高	124.0	128.0	132.0	136.0	140.0	144.0	148.0
坐姿颈椎点高	56.5	58.5	60.5	62.5	64.5	66.5	68.5
全臂长	46.0	47.5	49.0	50.5	52.0	53.5	55.0
腰围高	89.0	92.0	95.0	98.0	101.0	104.0	107.0

续表

A													
部位	数值												
胸围	72		76		80		84		88		92		96
颈围	31.2		32.0		32.8		33.6		34.4		35.2		36.0
总肩宽	36.4		37.4		38.4		39.4		40.4		41.4		42.4
腰围	54	56	58	60	62	64	66	68	70	72	74	76	78	80
臀围	77.4	79.2	81.0	82.8	84.6	86.4	88.2	90.0	91.8	93.6	95.4	97.2	99.0	100.8

表1-5　5.4、5.2 B 号型系列控制部位数值表　　　单位：cm

B													
部位	数值												
身高	145		150		155		160		165		170		175
颈椎点高	124.5		128.5		132.5		136.5		140.5		144.5		148.5
坐姿颈椎点高	57		59		61		63		65		67		69
全臂长	46		47.5		49		50.5		52		53.5		55
腰围高	89		92		95		98		101		104		107
胸围	72		76		80		84		88		92		96
颈围	31.4		32.2		33		33.8		34.6		35.4		36.2
总肩宽	35.8		36.8		37.8		38.8		39.8		40.8		41.8
腰围	58	60	64	66	68	70	72	74	76	78	80	82	84	86
臀围	80	81.6	84.8	86.4	88	89.6	91.2	92.8	94.4	96	97.6	99.2	100.8	102.4

表1-6　5.4、5.2 C 号型系列控制部位数值表　　　单位：cm

C													
部位	数值												
身高	145		150		155		160		165		170		175
颈椎点高	124.5		128.5		132.5		136.5		140.5		144.5		148.5
坐姿颈椎点高	56.5		58.5		60.5		62.5		64.5		66.5		68.5
全臂长	46		47.5		49		50.5		52		53.5		55
腰围高	89		92		95		98		101		104		107
胸围	72		76		80		84		92		100		104
颈围	31.6		32.4		33.2		34.8		35.6		37.2		38
总肩宽	35.2		36.2		37.2		39.2		40.2		42.2		43.2
腰围	64	66	68	70	74	76	80	84	86	88	92	94	98	102
臀围	81.6	83.2	84.8	86.4	89.6	91.2	94.4	97.6	99.2	100.8	104	105.6	108.8	112

成年男性号型系列控制部位数值:

表1-7　5.4、5.2 Y 号型系列控制部位数值表　　　　　　单位：cm

Y													
部位	数值												
身高	155		160		165		170		175		180		185
颈椎点高	133.0		137.0		141.0		145.0		149.0		153.0		157.0
坐姿颈椎点高	60.5		62.5		64.5		66.5		68.5		70.5		72.5
全臂长	51.0		52.5		54.0		55.5		57.0		58.5		60.0
腰围高	94.0		97.0		100.0		103.0		106.0		109.0		112.0
胸围	76		80		84		88		92		96		100
颈围	33.4		34.4		35.4		36.4		37.4		38.4		39.4
总肩宽	40.4		41.6		42.8		44.0		45.2		46.4		47.6
腰围	56	58	60	62	64	66	68	70	72	74	76	78	80	82
臀围	78.8	80.4	82.0	83.6	85.2	86.8	88.4	90.0	91.6	93.2	94.8	96.4	98.0	99.6

表1-8　5.4、5.2 A 号型系列控制部位数值表　　　　　　单位：cm

A													
部位	数值												
身高	155		160		165		170		175		180		185
颈椎点高	133.0		137.0		141.0		145.0		149.0		153.0		157.0
坐姿颈椎点高	60.5		62.5		64.5		66.5		68.5		70.5		72.5
全臂长	51.0		52.5		54.0		55.5		57.0		58.5		60.0
腰围高	93.5		96.5		99.5		102.5		105.5		108.5		111.5
胸围	76		80		84		88		92		96		100
颈围	33.8		34.8		35.8		36.8		37.8		38.8		39.8
总肩宽	40.0		41.2		42.4		43.6		44.8		46.0		47.2
腰围	60	62	64	66	68	70	72	74	76	78	80	82	84	86
臀围	78.8	80.4	82.0	83.6	85.2	86.8	88.4	90.0	91.6	93.2	94.8	96.4	98.0	99.6

表1-9　5.4、5.2 B 号型系列控制部位数值表　　　　　　单位：cm

B							
部位	数值						
身高	155	160	165	170	175	180	185
颈椎点高	133.5	137.5	141.5	145.5	149.5	153.5	157.5
坐姿颈椎点高	61	63	65	67	69	71	73
全臂长	51.0	52.5	54.0	55.5	57.0	58.5	60.0

续表

B												
部位	数值											
腰围高	93		96		99		102		105		108		111
胸围	76		80		84		88		92		96		100
颈围	34.2		35.2		36.3		37.2		39.2		40.2		41.2
总肩宽	39.6		40.8		42.0		43.2		45.6		46.8		49.2
腰围	66	68	70	72	74	76	78	82	84	88	90	94	96	100
臀围	82.4	83.8	85.2	86.6	88	89.4	90.8	93.6	95	97.8	99.2	102	103.4	106.2

表 1-10　5.4、5.2 C 号型系列控制部位数值表　　　　　单位：cm

C												
部位	数值											
身高	155		160		165		170		175		180		185
颈椎点高	134		138		142		146		150		154		158
坐姿颈椎点高	61.5		63.5		65.5		67.5		69.5		71.5		73.5
全臂长	51.0		52.5		54.0		55.5		57.0		58.5		60.0
腰围高	93		96		99		102		105		108		111
胸围	76		80		84		88		92		96		100
颈围	34.2		35.2		36.3		37.2		39.2		40.2		41.2
总肩宽	39.6		40.8		42.0		43.2		45.6		46.8		49.2
腰围	66	68	70	72	74	76	78	82	84	88	90	94	96	100
臀围	82.4	83.8	85.2	86.6	88	89.4	90.8	93.6	95	97.8	99.2	102	103.4	106.2

3．放松度参考表

➤ 女装净体放松度参考如表 1-11 所示。

表 1-11　女装净体放松度参考表　　　　　单位：cm

部位 品种	长度标准		围度加放					测量基础	内穿衣服
	衣长	袖长	胸围	腰围	臀围	领大	肩宽		
短袖衫	齐腕	肘上 5	10～12		10～12	2～3		衬衫外	衬衫
长袖衫	腕下 2	腕下 1	10～12		10～12	2		衬衫外	衬衫
卡腰长袖衫	腕下 2	腕下 1	6～8	5～6	6～8	2		衬衫外	衬衫
单上衣	腕下 4	腕下 3	10～12	7～8	12～14	2	1～2	衬衫外	毛衣
西装	腕下 4	腕下 1	8～10	5～6	8～10	3	2	衬衫外	毛衣
中西衫	腕下 4	腕下 3	10～12	8～10	12～14	2～3	2	衬衫外	毛衣
连衣裙	膝下 10	肘上 5	6～8	3～4	6～8	2		衬衫外	衬衫

部位\品种	长度标准 衣长	长度标准 袖长	围度加放 胸围	围度加放 腰围	围度加放 臀围	围度加放 领大	围度加放 肩宽	测量基础	内穿衣服
短大衣`	食指中	虎口下 1	15～16	10～12	15～16	4～6	3～4	毛衣外	内冬装
中大衣	膝上 5	虎口下 1	17～18	10～12	16～17	4～6	3～4	毛衣外	内冬装
长大衣	膝下 15	虎口下 1	18～20	10～12	17～18	4～6	3～4	毛衣外	内冬装
旗袍	脚上 25		6～8	3～4	6～8	2		衬衫外	衬衫
裙子	膝下 3			1～2	5～6			单裤外	
裤子	地上 2			1～2	8～10			单裤外	

男装净体放松度参考如表 1-12 所示。

表 1-12　男装净体放松度参考表　　　　　　　单位：cm

部位\品种	长度标准 衣长	长度标准 袖长	围度加放 胸围	围度加放 腰围	围度加放 臀围	围度加放 领大	围度加放 肩宽	测量基础	内穿衣服
短袖衫	虎上上	肘上 8	18		18	3		衬衫外	衬衫
长袖衫	拇指中	腕下 3	18		18	2		衬衫外	衬衫
单上衣	齐虎口	虎上 2	15		15		2	衬衫外	毛衣
西装	拇指中	腕下 1	13		13	3	2	衬衫外	毛衣
中山装	拇指中	虎上 2	17		17	2	2	衬衫外	毛衣
中大衣	膝上 2	拇指中	20		20	5	3	毛衣外	内冬装
长大衣	膝下 15	拇指中	20		20	5	3	毛衣外	内冬装
风衣	膝下 10	拇指中	20		20	4	3	毛衣外	内冬装
长裤	地上 2			2～3	10～12			单裤外	
短裤	膝上 15			2～3	10～12			单裤外	

4．常用服装规格系列

表 1-13～表 1-15 列出常用男上衣和常用女上衣规格的计算公式。

表 1-13　常用男上衣规格计算公式　　　　　　　单位：cm

品种/部位	衣长（C）	胸围（X）	肩宽（J）	袖长（XC）	领大（L）
中山装	2/5 号 +4～6	型 +20～22	3/10 X +12～13	3/10 号 +9～11	3/10 X +8
西装	2/5 号 +6～8	型 +16～18	3/10 X +13～14	3/10 号 +7～9	3/10 X +10
春秋便装	2/5 号 +2～6	型 +18～20	3/10B X +12～13	3/10 号 +8～11	3/10 X +9
衬衣	2/5 号 +2～4	型 +20～22	3/10 X +12～13	3/10 号 +7～9	3/10 X +6
短大衣	2/5 号 +12～16	型 +26～30	3/10 X +12～13	3/10 号 +11～13	3/10 X +9
长大衣	3/5 号 +14～16	型 +28～32	3/10 X +12～13	3/10 号 +12～14	3/10 X +9
男风衣	3/5 号 +6～10	型 +28～32	3/10 X +12～13	3/10 号 +8～12	3/10 X +9

续表

品种/部位	衣 长（C）	胸围(X)	肩宽（J）	袖长（XC）	领大（L）
男夹克	2/5 号 +2 ～ 4	型 +23 ～ 25	3/10 X +12 ～ 13	3/10 号 +9 ～ 11	3/10 X +8
男短袖衫	2/5 号 +2 ～ 6	型 +21 ～ 23	3/10 X +12 ～ 13	3/10 号 +11 ～ 13	3/10 X +7.5
西服背心	3/10 号 +7 ～ 8	型 +11 ～ 13	3/10 X +6 ～ 8		

表 1-14 常用女上衣规格计算公式   单位：cm

品种/部位	衣 长	胸围(X)	肩宽	袖长	领大
西装	2/5 号 +2	型 +14 ～ 16	3/10 X +11 ～ 12	3/10 号 +5 ～ 7	3/10 X +9
衬衣	2/5 号	型 +12 ～ 14	3/10 X +10 ～ 11	3/10 号 +4 ～ 6	3/10 X +7
中长旗袍	7/10 号 +8	型 +12 ～ 14	3/10 X +10 ～ 11	3/10 号 +4 ～ 6	3/10 X +7
短袖连衣裙	3/5 号 +6 ～ 8	型 +12 ～ 14	3/10 X +10 ～ 11	3/10 号 +4 ～ 6	3/10 X +9
短大衣	2/5 号 +6 ～ 8	型 +18 ～ 24	3/10 X +10 ～ 11	3/10 号 +7 ～ 10	3/10 X +9
长大衣	3/5 号 +8 ～ 16	型 +20 ～ 26	3/10 X +10 ～ 11	3/10 号 +8 ～ 10	3/10 X +9
春秋便装	2/5 号 +2	型 +18 ～ 20	3/10 X +10 ～ 11	3/10 号 +6 ～ 7	3/10 X +9
女风衣	3/5 号 +8	型 +22 ～ 26	3/10 X +10 ～ 11	3/10 号 +7	3/10 X +9
中西罩衫	2/5 号 +4	型 +20 ～ 24	3/10 X +10 ～ 11	3/10 号 +7	3/10 X +9
女背心	3/10 号 +6 ～ 15	型 +14	3/10 X +10		

表 1-15 常用男、女下衣规格计算公式   单位：cm

品种/部位	裤（裙）长	腰围(W)	臀围
男长裤	3/5 号 +2 ～ 4	型 +2 ～ 6	4/5W+40 ～ 44
男短裤	3/10 号 -6 ～ 8	型 +0 ～ 2	4/5W+38 ～ 42
女长裤	3/5 号 +6 ～ 8	型 +2 ～ 4	4/5W+42 ～ 46
裙 裤	2/5 号 -2 ～ 6	型 +0 ～ 2	4/5W+40 ～ 44
裙子	2/5 号 +0 ～ 10	型 +0 ～ 2	4/5W+40 ～ 44

5．服装制图公式

部位代号：衣、裤（裙）长（C）、腰围(W)、臀围(T)、胸围（X）、肩宽（J）、领大（L）

表 1-16 男、女上衣制图常用计算公式   单位：cm

品种 / 部位	中山装	西装	春秋装	衬衣	短大衣	长大衣	男风衣	男夹克	男短袖	背心
袖笼深	X/5+4	X/5+4	X/5+4	X/5+4	X/5+4	X/5+4	X/5+4	X/5+4	X/5+4	X/5+6
胸宽	X/6+1	X/6+1	X/6+1	X/6+1	X/6+1	X/6+1	X/6+1	X/6+1	X/6+1	X/6
背宽	X/6+2	X/6+2	X/6+2	X/6+2	X/6+2	X/6+2	X/6+2	X/6+2	X/6+2	X/6
前领宽	L/5-0.5	同前	同前	同前	同前	同前	同前	同前	同前	
前领深	L/5+0.5	同前	同前	同前	同前	同前	同前	同前	同前	

续表

部位＼品种	中山装	西装	春秋装	衬衣	短大衣	长大衣	男风衣	男夹克	男短袖	背心
后领宽	L/5-0.5	同前	同前	同前	同前	同前	同前	同前	同前	
后领深	L/20+0.5	同前	同前	同前	同前	同前	同前	同前	同前	
前落肩	5	5	5	5	5	5	5	5	5	5
后落肩	5	5	5	5	5	5	5	5	5	5
袖肥 (F)	X/5-0.5（F）	同前	同前	X/5+0.3	X/5-0.5	同前	同前	同前	X/5+0.3	
袖山高	F3/4	同前	同前	F/2	F3/4	同前	同前	同前	F/2	
袖口宽	14～16	同前	同前		14～16	同前	同前	同前		

表 1-17 男、女下衣制图常用计算公式　　　　单位：cm

部位＼品种	男长裤	男短裤	女长裤	裙 裤	裙 子
裤（裙）长（C）	3/5 号 +2～4	3/10 号 -6～8	3/5 号 +6～8	2/5 号 -2～6	2/5 号 +0～10
腰围 (W)	型 +2～6	型 +0～2	型 +2～4	型 +0～2	型 +0～2
臀围 (T)	4/5W+40～44	4/5W+38～42	4/5W+42～46	4/5W+40～44	4/5W+40～44
立裆线	1.5/8 号 -4	1.5/8 号 -4	1.5/8 号 -4		
前臀宽	T/4-1	T/4-1	T/4-1		
后臀宽	T/4+1	T/4+1	T/4+1		
大裆宽	T/10	T/10	T/10		
小裆宽	T/20-1	T/20-1	T/20-1		
前中裆宽	T/5+2		T/5+2		
前裤口宽	T/5	T/5+10	T/5		
后中裆宽	T/5+5		T/5+5		
后裤口宽	T/5+3	T/5+13	T/5+3		

1.3 服装结构图设计方法

服装结构图俗称"裁剪图"，是根据人体主要部位尺寸及服装成品规格所绘制的服装结构平面图，是制定标准样板的依据。

服装结构图由基础线、结构线和轮廓线组成，其绘制方法有一定的规律可循，制图符号和线条名称也有统一的规定。

1.3.1 服装结构制图的线型与常用符号

服装结构制图的线型与常用符号见表 1-18 所示。

表 1-18　服装结构制图的线型

名称	制图符号	说明	制图代号	名称
粗实线	——————	结构图轮廓线	B	胸围
细实线	——————	结构图基础线	BL	胸围线
点画线	— · — · —	衣片边接线，表示衣片对折痕迹	W	腰围
折边线	— · · — · · —	表示衣片的折边	WL	腰围线
等分线	∩∩∩	表示将线段等分	H	臀围
虚线	- - - - - -	衣片背面的廓线	HL	臀围线
刀眼符号		在缝份上作缝制时的对位记号	FBL	前胸宽
明线符号	- - - - - -	衣片表面迹明线的记号	BBL	后背宽
缩缝符号	∿∿∿	表示衣片此部位需缝缩	FWL	前腰节线
直角符号	⌐	衣片此处呈直角	BNL	后腰节线
经向号	←——→	面料的经纱方向	MH	中腹线
毛向号	——→	面料毛绒方向	BP	乳尖点
裥位	▨	表示这一部分面需有规律地折叠	SL	裙长、袖长
省缝	◁	表示这一部分需缝去	EL	肘线
拼合记号		纸样拼合符号	S	肩宽
等长	⨯	表示两条线段等长	SP	肩点
归扰	⌒	表示衣片此部位需要熨烫归扰	N	颈围
拔开	⌣	表示衣片此部位需要熨烫拉伸	SNP	颈侧点
纽位	⊗	钉纽扣位置符号	NW	领宽
扣眼位	⊢——⊣	扣眼位置符号	AH	袖窿弧线

1.3.2　服装结构制图各部位名称

如图 1-18 所示中标出了服装结构的各部位名称。

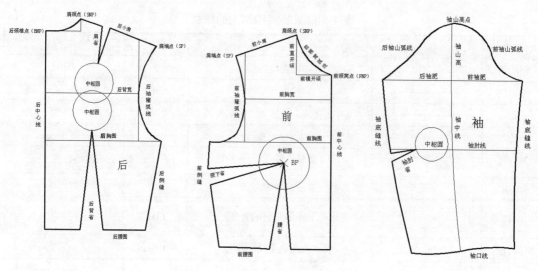

图 1-18　服装结构的各部位名称

1. 肩部

指人体肩端点至颈侧点之间的部位，是观察、检验衣领与肩缝配合是否合理的部位。

> 总肩：自左肩端点通过 BNP 至右肩端点的宽度，亦称"横肩宽"。
> 前过肩：前衣身与肩缝合的部位。
> 后过肩：后衣身与肩缝合的部位。

2. 胸部

胸部是指衣服前胸丰满处。胸部的造型是检验服装的重要内容。

> 领窝：前后衣身与领身缝合的部位。
> 门襟和里襟：门襟是开扣眼的一侧衣片。里襟是钉扣的一侧衣片，与门襟相对应。
> 门襟止口：指门襟的边沿。其形式有连止口与加挂面两种形式。一般加挂面的门襟止口较坚挺，牢度也好。止口上可以辑明线，也可不辑。
> 叠门：叠门是指门、里襟需重叠的部位。不同品种的服装其叠门量不同，范围自 1.5~8cm 不等。一般是服装衣料越厚重，使用的纽扣越大，则叠门尺寸越大。
> 扣眼：扣眼是指纽扣的眼孔。有锁眼和滚眼两种，锁眼根据扣眼前端形状分圆头锁眼与平头锁眼。扣眼排列形状一般有纵向排列与横向排列，纵向排列时扣眼正处于叠门线上，横向排列时扣眼要在止口线一侧并超越搭门线半个纽扣的宽度。
> 眼档：扣眼间的距离。眼档的制定一般是先定好首尾两端扣眼，然后平均分配中间扣眼，根据造型需要也可间距不等。
> 驳头：衣身随领子一起向外翻折的部位。
> 驳口：驳头里侧与衣领的翻折部位的总称，是衡量驳领制作质量的重要部位。
> 串口：领面与驳头面的缝合处。一般串口与领里和驳头的缝合线不处于同一位置，串口线较斜。
> 摆缝：缝合前、后衣身的缝子。

3. 背缝

为贴合人体或造型需要在后衣身上设置的缝子。

4．臀部

对应于人体臀部最丰满处的部位。

> 上裆：也叫立裆，腰头上口至裤腿分离处的部位，是关系裤子舒适与造型的重要部位。

> 中裆：脚口至臀围线的 1/2 处，是关系裤子造型的重要部位。

> 横裆：也叫底裆，上裆下部最宽处，分为前裆和后裆两部分。是关系裤子造型的重要部位。

5．省道

根据人体表面特征要使服装呈现合体性，将一部分衣料缝去，以做出衣片立体状态或消除衣片浮起余量的不平整部分，也叫收省。省道由省尖、省边和省尾三部分组成，并按功能和形态进行分类。

> 肩省：省尾设在肩缝部位的省道，常做成钉子形，且左右两侧形状相同，有前肩省和后肩省之分。前肩省是做出胸部隆起状态及收去前中线处需撇去的部分余量；后肩省是做出背骨隆起的状态。

> 领省：省尾设在领窝部位的省道，常做成钉子形。作用是做出胸部和背部的隆起状态，常用于连身衣领的结构设计，有隐蔽的优点，常代替肩省。

> 袖窿省：省尾设在袖窿部位的省道，常将它转化成分割线，如公主线，常用于贴体服装的设计，公主线的设计会使服装线条更流畅、更加修身。

> 腋下省：省尾设在侧缝部位的省缝，常做成锥形。主要使用于前衣身，做出胸部隆起的状态。

> 腰省：省尾设在腰部的省道，常做成锥形或钉子形，使服装卡腰呈 X 造型，体现人体曲线美。

> 门襟省：省尾设在门襟部位处的省道，常将它转化成碎褶，主要对胸部隆起起造型作用。

6．裥

为适合体型及造型需要将部分衣料折叠熨烫而成，由裥面和裥底组成。按折叠的方式不同分为：左右相对折叠，两边呈活口状态的阴裥；左右相对折叠，中间呈活口状态的明裥；向同方向折叠的顺裥。

7．褶

为符合体型和造型需要，将部分衣料缝缩而形成的自然褶皱。

8．分割缝

为符合体型和造型需要，将衣身、袖身、裙身、裤身等部位进行分割形成的缝子。一般按方向和形状命名，如刀背缝；也有历史形成的专用名称，如公主缝。

9．衩

为服装的穿脱行走方便及造型需要而设置的开口形式。位于不同的部位有不同名称，如位于背缝下部称为背衩，位于袖口部位称为袖衩等。

10．塔克

将衣料均匀折成连口后并辑明线形成的细缝，起装饰作用。取名于英语 tuck 的译音。

11．约克

服装上横向分割的造型。位于不同的部位，有不同名称，如位于衬衫上叫复司。

1.3.3 服装部件术语

服装部件术语如下：

> 衣身：覆合于人体躯干部位的服装部件，是服装的主要部件。

> 衣领：围于人体颈部，起保护和装饰作用的部件。包括领子和与领子相关的衣身部分，狭义单指领子。

> 口袋：插手和盛装物品的部件。

> 襻：起扣紧、牵吊等功能和装饰作用的部件，由布料或缝线制成。

> 腰头：与裤、裙身缝合的部件，起束腰

和护腰的作用。

领子安装于衣身领窝上，其部位包括以下几部分：

➤ 翻领：领子自翻折线至领外口的部分。

➤ 底领：领子自翻折线至领下口的部分。

➤ 领上口：领子外翻的连折线。

➤ 领里口：领上口至领下口之间的部位。

➤ 领下口：领子与领窝的缝合处。

➤ 领外口：领子的外沿部位。

➤ 领串口：领面与挂面的缝合线。

➤ 领豁口：领嘴与领尖之间的最大距离。

➤ 衣袖：覆合于人体手臂的服装部件，一般指袖子。

衣袖有时也包括与袖子相连的部分衣身。衣袖缝合于衣身袖窿处，其部位包括以下几部分：

➤ 袖山：袖子上部与衣身袖窿缝合的凸状部位。

➤ 袖缝：衣袖的缝合缝，按所在部位分前袖缝、后袖缝、中袖缝等。

➤ 大袖：袖子的大片。

➤ 小袖：袖子的小片。

➤ 袖口：袖子下口边沿部位。

➤ 袖头：缝在袖子下口的部件，起束紧和装饰作用。

1.4 服装结构的构成方式

服装构成方式主要分平面构成和立体构成两种。

1.4.1 平面构成方式

也称"平面裁剪"。平面构成方法是指将服装立体形态通过人的思维分析，将服装与人体的立体三维关系转化成服装与纸样的二维关系，通过由实测或经验、视觉判断而产生绘制出平面的纸样通常叫作"打板"（打制样板）。平面构成方法具有简捷、方便、绘图精确的优点，通常用于工业化、批量化成衣生产。

服装平面构成，首先考虑人体特征、款式造型、控制部位的尺寸，并结合人体穿衣的动、静及舒适要求，运用细部规格的分配比例计算方法或基础样板的变化等技术手法，通过平面制图的形式绘制出所需的结构图。

服装平面构成根据结构制图时有无过渡媒介体而分为间接构成和直接构成方法。

1. 间接法

间接法又称"过渡法"，即采用原型或基型等基础纸样为过渡媒介体，在其基础上根据服装具体尺寸及款式造型，通过加放、缩减、剪切、折叠、拉伸、展开等技术手法做出所需服装的结构图。根据基础纸样的种类亦分原型法、基型法两种。

➤ 原型法：以结构最简单，但能充分表达人体最重要部位尺寸的原型为基础，通过加放衣长，增减胸围、胸宽背宽等细部尺寸，并通过剪切、折叠、拉伸、展开等技术构成，如实体现服装造型的服装结构图。如图1-19所示为单省原型上衣的结构设计图。

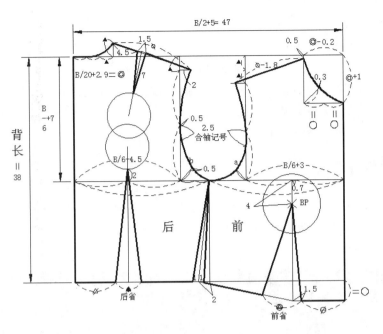

图 1-19 单省原型上衣结构设计图

➤ 基型法：直接用所想设计的服装品种中最接近该款式的服装纸样作为基本型，对基本型做局部造型上的调整，并做出所需服装款式的纸样。由于步骤少、制板速度快，常为企业制板用，如图 1-20 所示为常见的服装基本型结构图。

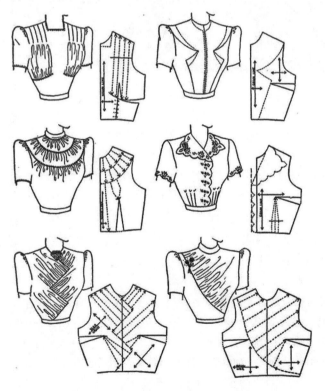

图 1-20 常见的服装基本型结构图

2．直接法

直接法也称"直接制图法"，它不通过间接媒体，直接测得参照服装的各细部尺寸，或运用人体体型规格及与服装之间的关系，将服装结构图的细部用人体基本部位的比例形式计算出来。这些计算公式必须根据服装各部位间的相互关系或服装与人体间的相互关系来确定，因而基本符合服装结构图的基本规律。其形式往往随比例公式中变量项的系数的比例形式而不同，此类方法具有制图直接、尺寸具实的特点，但在构思计算公式时需一定的经验。

1.4.2　立体构成方式

也称"立体裁剪"(drape)。立体构成是将布料覆合在人体或人台上，利用材料的悬垂性能，将布料通过折叠、收省、聚集、提拉等手法，制成二维的立体布样。如图 1-21 所示为某款女士晚礼服的立体裁剪作品。

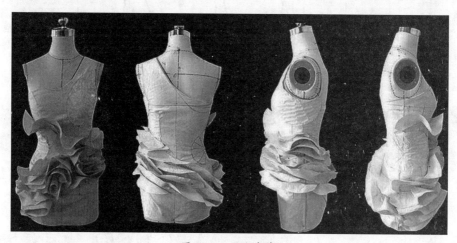

图 1-21　立体裁剪

由于整体操作是在人体或人台上进行的，三维设计效果→二维布样→三维成衣的转换很具体，布样的直观效果好，便于设计思想的充分发挥和及时修正，通常用于单件设计量体定做。

立体构成还有能解决平面构成难以解决的不对称、多皱褶的复杂造型等优点。但其缺点也是很明显的，其操作条件(标准人台、与本料性能相近的坯布、直接用本料时耗用大量本料)要求高，同时立体构成(立裁)要求设计者必须具备扎实的平面构成(平面裁剪)的基本功，也因动作的随机性大对设计者的技术素质和艺术修养也要求非常高。

现代服装设计通常以立体构成、平面构成并举，也就是立体形态简单的服装使用平面构成→立体检验→修正→推板(如常用的衬衫、西服、裤类及时装)的模式；而立体形态复杂的服装使用立体构成(如晚礼服、婚纱、舞会服等)。

鉴于两种服装的构成方法各具所长，各有所短，世界各国服装产业在使用上采用多种模式。

➢ 以立体构成为主、平面构成为辅：在标准人体或人台上以立体构成技术为主、平面构成技术为辅，形成布样→款式纸样→修正→推板的模式，并运用在各类服装的构成。

➢ 立体构成、平面构成并举：立体形态简单的服装使用平面构成→立体检验→修正→推板(如常用的衬衫、西服、裤类)的模式；而立体形态复杂的服装使用立体构成(如夜礼服、婚纱、舞会服等)。

> 以平面构成为主、立体构成为辅：对所有服装的构成都能采用，立体形态简单的部件(部位)用平面构成，立体形态复杂的部件(部位)用立体构成。形成款式纸样→立体检验→修正→推板的模式。

1.5　服装设计对 CAD 软件的基本要求

计算机辅助服装设计和生产（CAD/CAM）工程系统是以计算机为主要的技术手段，利用计算机生成和处理有关服装设计、生产的各种图形信息和数字信息，并且根据这些信息进行服装设计和生产。随着计算机硬件功能的不断提高、系统软件的不断完善，计算机辅助服装设计和生产得到了广泛的应用，使落后的服装行业逐步进入了自动化领域，大大提高了服装企业的设计、生产、管理等效率。

随着实际服装设计、生产对计算机软件要求的不断提高，软件的复杂性也逐渐增加，功能渐趋完善。由此可以看出，服装设计、生产的需要才是软件功能设计的最根本出发点。那么，目前服装设计对软件的基本功能要求是什么呢？一般认为，目前服装设计对设计软件的功能需求主要有以下几个方面：

> 平面图形建立；
> 软件的个性化；
> 协作设计与标准化设计；
> 设计信息管理；
> 数据库与图形库的建立；
> 图形的输入与输出。

1. 平面图形的建立

长期以来，纸样（结构图）一直是服装结构设计中表达设计者思想的工程"语言"。为适应服装设计、生产技术的发展，在服装结构设计领域"纸样设计"一词正逐渐被"结构设计"所代替。目前在计算机辅助服装设计中常用的图形（结构图）设计有：线框模型、曲面模型和实体模型。平面图形(结构图)可以划归到线框模型中，而目前的CAD软件一般都能很好地进行平面图形(结构图)的绘制，以保证与传统的结构设计方法有良好的一致性和继承性。

2. 软件的个性化

在 CAD 软件从无到有的发展过程中，无论是软件开发者还是用户都逐渐明白了一个道理，那就是没有万能的软件。在软件的功能和用户的需求之间，总会存在着一定的差别，软件公司永远也不可能研发出完全适合于所有用户的软件系统。那么如何才能最大限度地满足用户的个性化需求呢？答案是给用户提供重新设置、修改及对软件进行二次开发的可能。只有这样，一个软件才能成为一个国际化的、通用化的软件。

3. 协作设计与标准化设计

多年来，服装结构设计领域一直在追求设计的标准化、个性化，它不但可以使设计信息得到准确的交流，而且也为实际生产加工节省了大量的费用，并提高了设计及加工质量。

4. 设计信息管理

实际服装结构设计涉及的设计信息是很多的，如图形名称、设计者、审核人、设计日期、修改日期，以及各个部件技术要求等。因此，如何高效存储和利用这些信息是服装设计中必须很好解决的问题。

5．数据库与图形库的建立

在使用常规设计方法进行服装结构设计的过程中，通常需要查阅大量的手册、文献及各种数据图表，而这是一件既费时又费力的工作。目前，这些设计资料一般都可以以数据库的形式存放在局域网或因特网上，供使用者随时查询。由此可以看到，CAD 软件还必须具有存储和使用本机或网络上的设计数据库的能力。

当然，由于服装结构设计的复杂性和多样性，任何一个 CAD 软件系统都无法满足所有用户的每一个要求。如何解决这个问题呢？出路就是由 CAD 软件系统提供用户自建或扩充标准件库的方法，由用户自己建立或补充所需要的标准件或常用件图库。

6．数据的输入与输出

无论是在设计完成之后或者在设计过程中，都存在设计数据和设计结果的输入、输出问题。到目前为止，系统间数据的交换问题尚没有得到彻底解决。

以上针对服装设计和生产的实际需要，从简单几个方面讨论了 CAD 软件系统应具备的主要功能。了解这些内容对读者的实际工作及今后深入学习研究 CAD 软件的功能都是有益的。

1.6　本章小结

本章为理论与实践相结合的授课形式，第一要使读者了解有关服装的基础知识，如：现代服装设计学所包含的学科；结构设计在服装设计中的重要地位；现代服装工业的发展状况；结构设计师在现代服装企业中所扮演的重要角色。第二要求读者会观察人体特征——体型观察，了解衣服的构成与人体结构的关系，能够进行正确的人体测量，以便在以后的制图和样板展开中灵活运用，制出符合于人体机能—实用性，又具有装饰性的服装。

首先着重讲解人体的计测部位与测体方法，教具使用要人台（即"模特"）或请读者上台实际测量。读者要进行课上或课下的测体练习；其次还要着重讲解随着现代服装工业的高速发展，统一服装号型及编码的重要意义。

第 2 章　制图前的软件操作与设置

本章导读

在服装结构设计制图前，有必要针对 AutoCAD 2016 软件的安装、认识界面、软件操作和绘图基本设置等相关内容作详细的介绍，让大家制图时感到特别轻松。

本章知识点

◆　安装 AutoCAD 2016

◆　AutoCAD 2016 的起始界面

◆　AutoCAD 2016 的工作界面

◆　绘图环境的设置

◆　精确绘制图形

2.1　安装 AutoCAD 2016

AutoCAD 2016 的安装过程可分为安装和注册并激活两个步骤，接下来将 AutoCAD 2016 简体中文版的安装与卸载过程做详细介绍。

2.1.1　安装 AutoCAD 2016 的系统配置要求

在独立的计算机上安装软件之前，请确保计算机满足最低系统需求。

安装 AutoCAD 2016 时，将自动检测 Windows 7 或 Windows 8 操作系统是 32 位版本还是 64 位版本。用户需选择适用于工作主机的 AutoCAD 版本。例如，不能在 32 位版本的 Windows 操作系统上安装 64 位版本的 AutoCAD。

技术专题

但可以在64位系统中安装32位的软件。为什么呢？原因就是64位系统配置超出了32位系统的配置，而64位软件要比32位软件的系统要求高很多，所以在64位系统中运行32位软件是绰绰有余的。此外，从 AutoCAD 2015版本开始，后续的新版本将不再支持Windows XP系统，这点请大家注意，还用此系统的你，请及时换装Windows 7或Windows 8系统。

1. 32 位的 AutoCAD 2016 软件配置要求

➤ Windows 8 的标准版、企业版或专业版，Windows 7 企业版、旗舰版、专业版或家庭高级版的或 Windows XP 专业版或家庭版（SP3 或更高版本）操作系统；

➤ 对于 Windows 8 和 Windows 7 系统：英特尔 i3 或 AMD 速龙双核处理器，需要 3.0 GHz 或更高，并支持 SSE2 技术；

➤ 2 GB 内存（推荐使用 4 GB）；

➤ 6 GB 的可用磁盘空间用于安装；

➤ 1024×768 显示分辨率真彩色（推荐 1600×1050）；

➢ 安装 Internet Explorer 7 或更高版本的 Web 浏览器。

2．对于 64 位的 AutoCAD 2016 软件配置要求

➢ Windows 8 的标准版、企业版、专业版；Windows 7 企业版、旗舰版、专业版或家庭高级版；

➢ 支持 SSE2 技术的 AMD Opteron（皓龙）处理器支持 SSE2 技术，支持英特尔 EM64T 和 SSE2 技术的英特尔至强处理器，支持英特尔 EM64T 和 SSE2 技术的奔腾 4 的 Athlon 64；

➢ 2 GB RAM（推荐使用 4 GB）；

➢ 6 GB 的可用空间用于安装；

➢ 1024×768 显示分辨率真彩色（推荐 1600×1050）；

➢ Internet Explorer 7 或更高版本。

3．附加要求的大型数据集、点云和 3D 建模（所有配置）

➢ Pentium 4 或 Athlon 处理器，3 GHz 或更高，或英特尔或 AMD 双核处理器，2 GHz 或更高；

➢ 1280×1024 真彩色视频显示适配器 128 MB 或更高，支持 Pixel Shader 3.0 或更高版本的 Microsoft 的 Direct3D 能的工作站级图形卡。

2.1.2　安装 AutoCAD 2016 程序

在独立的计算机上安装软件之前，请确保计算机满足最低系统需求。

范例——安装 AutoCAD 2016

AutoCAD 2016 安装过程的操作步骤如下：

01 在安装程序包中双击 setup.exe 文件，AutoCAD 2016 安装程序进入安装初始化进程，并弹出【安装初始化】界面，如图 2-1 所示。

02 安装初始化进程结束以后，弹出【AutoCAD 2016】安装窗口，如图 2-2 所示。

图 2-1　安装初始化　　　　　图 2-2　【AutoCAD 2016】安装窗口

03 在【AutoCAD 2016】安装窗口中单击【安装】按钮，弹出 AutoCAD 2016 安装"许可协议"的界面窗口。在窗口中单击【我接受】单选按钮，保留其余选项默认设置，再单击【下一步】按钮，如图 2-3 所示。

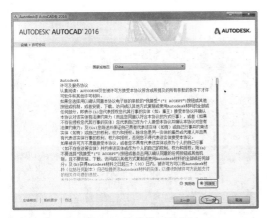

图 2-3　接受许可协议

技术专题

如果不同意许可的条款并希望终止安装，可单击【取消】按钮。

04 随后【AutoCAD 2016】窗口中弹出【产品信息】选项区。如果用户有序列号与产品钥匙，直接输入即可；若没有则可以试用 30 天，完成产品信息的输入后，请单击【下一步】按钮，如图 2-4 所示。

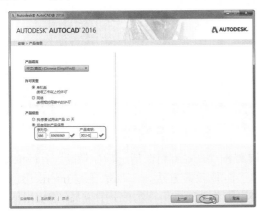

图 2-4　设置产品和用户信息

技术专题

在此处输入的信息是永久性的，将显示在 AutoCAD 软件的窗口中，由于以后无法更改此信息（除非卸载该软件），因此请确保在此处输入的信息正确。

05 设置产品和用户信息的安装步骤完成后，在【AutoCAD 2016】窗口中弹出【配置安装】选项区，若保留默认的配置来安装，单击该窗口的【安装】按钮，系统开始自动安装

AutoCAD 2016 简体中文版。在此选项区中勾选或取消安装内容的选择，如图 2-5 所示。

图 2-5　执行安装命令

技术专题

如果要重新设置安装路径，可以单击【浏览】按钮，然后在弹出的【AutoCAD2016安装】对话框中选择新的路径进行安装，如图2-6所示。

图 2-6　选择安装路径

06 随后系统依次安装 AutoCAD 2016 的用户所选择的程序组件，并最终完成 AutoCAD 2016 主程序的安装，如图 2-7 所示。

图 2-7　安装 AutoCAD 2016 的程序组件

07 AutoCAD 2016 组件安装完成后，单击【AutoCAD 2016】窗口中的【完成】按钮，结束安装操作，如图 2-8 所示。

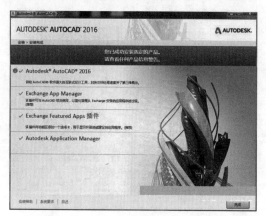

图 2-8　完成安装 AutoCAD 2016

范例——注册与激活 AutoCAD 2016

　　用户在第一次启动 AutoCAD 时，将显示产品激活向导。可在此时激活 AutoCAD，也可以先运行 AutoCAD 以后再激活它。

　　软件的注册与激活的操作步骤如下：

01 在桌面上双击 AutoCAD 2016-Simplified Chinese 图标 ，启动 AutoCAD 2016。AutoCAD 程序开始检查许可，如图 2-9 所示。

图 2-9　检查许可

02 在打开软件之前程序弹出【Autodesk 许可】对话框，勾选此界面中唯一的复选框，然后单击【我同意】按钮，如图 2-10 所示。

03 单击【激活】按钮进入【Autodesk 许可】界面，弹出的"请输入序列号和产品密钥"界面中输入产品序列号与钥匙（买入时产品外包装已提供），然后单击【下一步】按钮，如图 2-11 所示。

图 2-10　阅读隐私保护政策

图 2-11　输入产品序列号与钥匙

04 弹出"产品许可激活选项"界面。界面中提供了两种激活方法。一种是通过 Internet 连接来注册并激活；另一种就是直接输入 Autodesk 公司提供的激活码。单击【我具有 Autodesk 提供的激活码】单选按钮，并在展开的激活码列表中输入激活码（使用复制→粘贴方法），然后单击【下一步】按钮，如图 2-12 所示。

05 随后自动完成产品的注册，单击【Autodesk 许可 - 激活完成】对话框中的【完成】按钮，结束 AutoCAD 产品的注册与激活操作，如图 2-13 所示。

图 2-12 输入产品激活码 图 2-13 完成产品的注册与激活

技术专题

上面主要介绍的是单机注册与激活方法。如果连接了Internet，可以使用联机注册与激活的方法，也就是选择"立即连接并激活"选项。

2.2 AutoCAD 2016 的起始界面

AutoCAD 2016 的界面延续了 AutoCAD 2015 版本的新标签功能，启动 AutoCAD 2016 会打开如图 2-14 所示的界面。

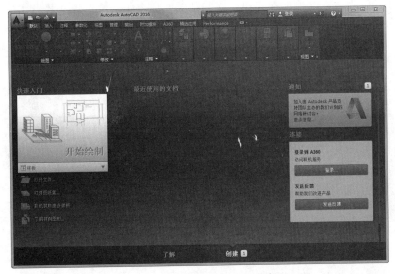

图 2-14 AutoCAD 2016 启动界面

这个界面称为"新标签页面"。启动程序、打开新标签 (+) 或关闭上一个图形时，将显示新标签。新标签为用户提供便捷的绘图入门功能介绍：【了解】页面和【创建】页面。默认打开的状态为【创建】页面。下面我们来熟悉一下两个页面的基本功能。

2.2.1 【了解】页面

在【了解】页面，你将看到【新特性】、【快速入门视频】、【功能视频】、【安全更新】和【联机资源】等功能。

01【新特性】功能。【新特性】能帮助你观看 AutoCAD 2016 软件中新增的部分功能视频，如果你是新手，那么请务必观看该视频。单击【新特性】中的视频播放按钮，会打开 AutoCAD 2016 自带的视频播放器来播放【新功能概述】画面，如图 2-15 所示。

图 2-15　观看版本新增功能视频

02 当播放完成时或者中途需要关闭播放器，在播放器右上角单击关闭按钮 ✖ 即可，如图 2-16 所示。

03 熟悉【快速入门视频】功能。在【快速入门视频】列表中，你可以选择其中的视频观看，这些视频是帮助你快速熟悉 AutoCAD 2016 工作空间界面及相关操作的功能指令，例如单击【漫游用户界面】视频进行播放，会打开【漫游用户界面】的演示视频，如图 2-17 所示。【漫游用户界面】主要介绍 AutoCAD 2016 视图、视口及模型的操控方法。

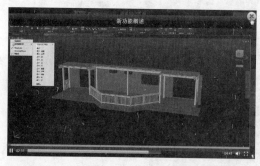

图 2-16　关闭播放器　　　　　　图 2-17　观看【漫游用户界面】演示视频

04 熟悉【功能视频】功能。【功能视频】是帮助新手了解 AutoCAD 2016 的高级功能视频。当你获得了 AutoCAD 2016 的基础设计能力后，观看这些视频能让你提升软件的操作水平。例如单击【改进的图形】视频进行观看，会看到 AutoCAD 2016 的新增功能——平滑线显示图形。以前旧版本中在绘制圆形或斜线时，会显示极不美观的"锯齿"，在有了【平滑线显示图形】功能后，能很清晰、平滑地显示图形了，如图 2-18 所示。

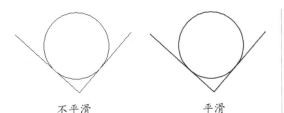

不平滑　　　　　平滑

图 2-18　改进的图形——平滑显示

05 熟悉【安全更新】功能。【安全更新】是发布 AutoCAD 及其插件程序的补丁程序和软件更新信息的窗口。单击【单击此处以获取修补程序和详细信息】链接地址，可以打开 Autodesk 官方网站的补丁程序的信息发布页面，如图 2-19 所示。

图 2-19　AutoCAD 及其插件程序的补丁下载信息

技术专题

默认页面是英文显示的，要想中文显示网页中的内容，有两种方法：一种是使用Google Chrome浏览器打开完成自动翻译；另一种就是在此网页右侧语言下拉列表中选择Chinese (Simplified)语言，再单击View Original按钮，即可翻译成简体中文网页显示，如图2-20所示。

图 2-20　翻译网页

06 熟悉【联机资源】功能。【联机资源】是进入 AutoCAD 2016 联机帮助的窗口。在【AutoCAD 基础知识漫游】图标处单击，即可打开联机帮助文档网页，如图 2-21 所示。

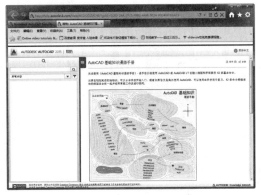

图 2-21　打开联机帮助文档网页

2.2.2　【创建】页面

在【创建】页面中，包括【快速入门】、【最近使用的文档】和【连接】3 个引导功能。下面我们也通过操作来演示如何使用这些引导功能。

范例——熟悉【创建】页面的功能应用

01【快速入门】功能中，是新用户进入 AutoCAD 2016 的关键第一步，作用是教会你如何选择样板文件、打开已有文件、打开已创建的图纸集、获取更多联机的样板文件和了解样例图形等。

02 如果直接单击【开始绘制】图标，随后进入 AutoCAD 2016 的工作空间中，如图 2-22 所示。

技术专题

直接单击【开始绘制】按钮，AutoCAD 2016将自动选择公制的样板进入到工作空间中。

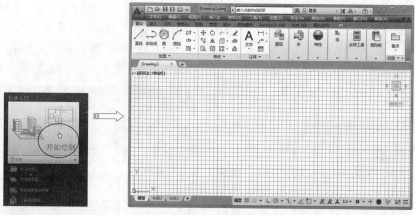

图 2-22　直接进入 AutoCAD 2016 工作空间

03 若展开样板列表，你会发现有很多 AutoCAD 样板文件可供选择，选择何种样板将取决于你即将绘制公制或英制的图纸，如图 2-23 所示。

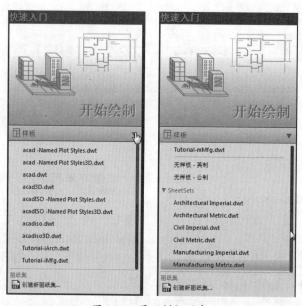

图 2-23　展开样板列表

技术专题

样板列表中包含AutoCAD所有样板文件，大致分3种。首先是英制和公制的常见样板文件，凡是样板文件名中包含有iso的是公制样板，反之是英制样板；其次是无样板的空模板文件，最后是机械图纸和建筑图纸的模板，如图2-24所示。

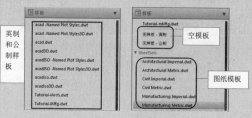

图 2-24　AutoCAD 样板文件

04 如果单击【打开文件】按钮，会弹出【选择文件】对话框。从你的系统路径中找到AutoCAD
文件并打开，如图2-25所示。

05 单击【打开图纸集】按钮，可以打开【打开图纸集】对话框。然后选择用户先前创建的图纸
集打开即可，如图2-26所示。

技术专题

关于图纸集的作用及如何创建图纸集，我们将在后面一章中详细介绍。

图2-25　打开文件　　　　　　　　　　　　　　　图2-26　打开图纸集

06 单击【联机获取更多样板】按钮，你将可以到Autodesk官方网站下载各种符合你设计要求的
样板文件，如图2-27所示。

07 单击【了解样例图形】按钮，你可以在随后弹出的【选择文件】对话框中，打开AutoCAD
自带的样例文件，这些样例文件包括建筑、机械、室内等图纸样例和图块样例，如图2-28所
示为在（AutoCAD 2016软件安装盘符）:\Program Files\Autodesk\AutoCAD 2016\Sample\Sheet
Sets\Manufacturing路径下打开的机械图纸样例VW252-02-0200.dwg。

 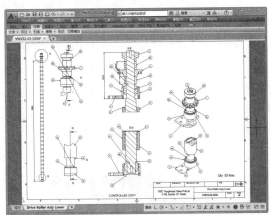

图2-27　联机获取更多样板　　　　　　　　　　　图2-28　打开的图纸样例文件

08【最近使用的文档】功能中，你可以快速地打开之前建立的图纸文件，而不用通过【打开文件】
的方式去寻找文件，如图2-29所示。

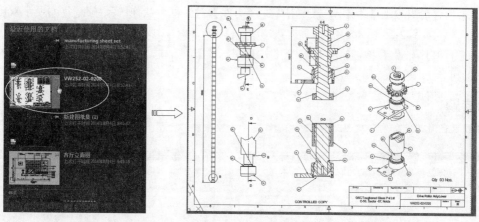

图 2-29　打开最近使用的文档

技术专题

【最近使用文档】最下方的3个按钮：大图标■、小图标■和列表■，可以分别显示大小不同的文档预览图片，如图2-30所示。

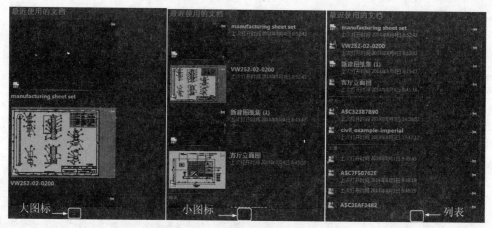

图 2-30　不同大小的文档图标显示

09 【连接】功能中，除了可以在此登录 Autodesk 360，还可以将你在使用 AutoCAD 2016 过程中所遇到的困难或者发现软件自身的缺陷，发送反馈给 Autodesk 公司。单击【登录】按钮，将弹出【Autodesk- 登录】对话框，如图 2-31 所示。

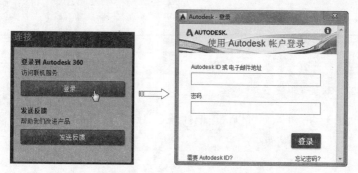

图 2-31　登录 Autodesk 360

10 如果你没有 Autodesk 账户，可以单击【Autodesk- 登录】对话框下方的【需要 Autodesk ID？】选项，在打开的【Autodesk 创建账户】对话框中创建属于自己的新账户，如图 2-32 所示。

技术专题

关于Autodesk 360的功能及应用，我们将在后面的章节中详细讲解。

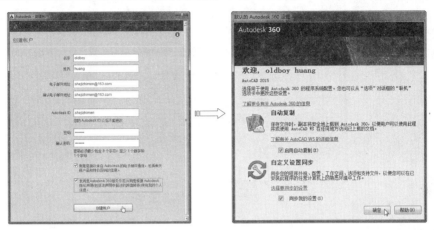

图 2-32 注册 Autodesk 360 新账户

2.3 AutoCAD 2016 工作界面

AutoCAD 2016 提供了【二维草图与注释】、【三维建模】和【AutoCAD 经典】3 种工作空间模式，用户在工作状态下可随时切换工作空间。

在程序默认状态下，窗口中打开的是【二维草图与注释】工作空间。【二维草图与注释】工作空间的工作界面主要由菜单浏览、快速访问工具栏、信息搜索中心、菜单栏、功能区、文件标签、绘图区、命令行、状态栏等元素组成，如图 2-33 所示。

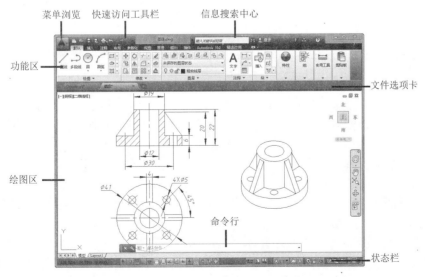

图 2-33 AutoCAD 2016【二维草图与注释】空间工作界面

技术专题

初始打开AutoCAD 2016软件显示的界面为黑色背景，与绘图区的背景颜色一致，如果你觉得黑色不美观，可以通过在菜单栏选择【工具】|【选项】命令，打开【选项】对话框。然后在【显示】标签中设置窗口的【配色方案】为【明】即可，如图2-34所示。

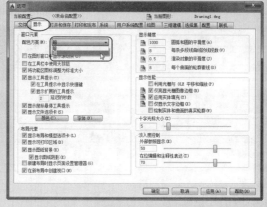

图 2-34　设置功能区窗口的背景颜色

技术专题

同样，如果需要设置绘图区的背景颜色，那么也是在【选项】对话框的【显示】标签中进行颜色设置，如图2-35所示。

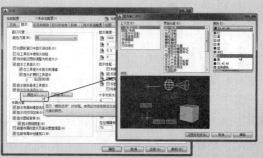

图 2-35　设置绘图区背景颜色

2.4　绘图环境的设置

　　通常情况下，用户可以在 AutoCAD 2016 默认设置的环境下绘制图形，但有时为了使用特殊的定点设备、打印机，或提高绘图效率，需要在绘制图形前先对系统参数、绘图环境做必要的设置。这些设置包括系统变量设置、选项设置、草图设置、特性设置、图形单位设置，以及绘图图限设置等，接下来进行详细介绍。

2.4.1　选项设置

　　【选项】设置是用户自定义的程序设置。它包括文件、显示、打开和保存、打印和发布、系统、用户系统配置、绘图、三维建模、选择集、配置等系列设置。选项设置是通过【选项】对话框来完成的，用户可以通过以下命令方式来打开【选项】对话框。

- 菜单栏：选择【工具】|【选项】命令。
- 右键菜单：在命令窗口中单击鼠标右键，或者（在未运行任何命令也未选择任何对象的情况下）在绘图区域中单击鼠标右键，然后选择【选项】命令。
- 命令行：输入 OPTIONS。

打开的【选项】对话框如图 2-36 所示。该对话框包含文件、显示、打开和保存、打印和发布、系统、用户系统配置、绘图、三维建模、选择集、配置等设置功能标签。

图 2-36 【选项】对话框

2.4.2 草图设置

草图设置主要是为绘图工作时的一些类别进行设置，如【捕捉和栅格】、【极轴追踪】、【对象捕捉】、【动态输入】、【快捷特性】等。这些类别的设置是通过【草图设置】对话框来实现的，用户可以通过以下命令方式来打开【草图设置】对话框。

- 菜单栏：选择【工具】|【绘图设置】命令。
- 状态栏：在状态栏绘图工具区域的【捕捉】、【栅格】、【极轴】、【对象捕捉】、【对象追踪】、【动态】或【快捷特性】工具上选择右键菜单中的【设置】命令。
- 命令行：输入 DSETTINGS。

执行上述命令后打开的【草图设置】对话框如图 2-37 所示。

图 2-37 【草图设置】对话框

该对话框中包含了多个功能标签，其选项含义介绍如下。

1. 【捕捉和栅格】标签

该标签主要用于指定捕捉和栅格设置，标签选项如图 2-37 所示。标签中各选项含义如下。

- 启用捕捉：打开或关闭捕捉模式。【捕捉】栏是控制光标移动距离的。用户也可以通过单击状态栏上的【捕捉模式】按钮、按 F9 键或使用 SNAPMODE 系统变量，打开或关闭捕捉模式。
- 启用栅格：打开或关闭栅格。【栅格】栏是控制栅格显示间距的大小的。

技术专题

用户也可以通过单击状态栏上的【栅格显示】按钮、按 F7 键或使用 GRIDMODE 系统变量，打开或关闭栅格模式。

- 捕捉间距：控制捕捉位置的不可见矩形栅格，以限制光标仅在指定的 X 和 Y 间隔内移动。
- 捕捉 X 轴间距：指定 X 方向的捕捉间距。间距值必须为正实数。
- 捕捉 Y 轴间距：指定 Y 方向的捕捉间距。间距值必须为正实数。
- X 轴间距和 Y 轴间距相等：为捕捉间距和栅格间距强制使用同一 X 和 Y 间距值。捕捉间距可以与栅格间距不同。
- 极轴距离：选定【捕捉类型和样式】下

的 PolarSnap 时，设置捕捉增量距离。如果该值为 0，则 PolarSnap 距离采用【捕捉 X 轴间距】的值。【极轴距离】设置与极坐标追踪和 / 或对象捕捉追踪结合使用。如果两个追踪功能都未启用，则【极轴距离】选项设置无效。

➤ 栅格捕捉：设置栅格捕捉类型。如果指定点，光标将沿垂直或水平栅格点进行捕捉。

技术专题

栅格捕捉类型包括【矩形捕捉】和【等轴测捕捉】。用户若是绘制二维图形，可采用【矩形捕捉】类型；若是绘制三维或等轴测图形，则采用【等轴测捕捉】类型绘图较为方便。

➤ PolarSnap：将捕捉类型设置为 PolarSnap。如果启用了【捕捉】模式并在【极轴追踪】打开的情况下指定点，光标将沿着在【极轴追踪】标签上相对于极轴追踪起点设置的极轴对齐角度进行捕捉。

➤ 栅格间距：控制栅格的显示，有助于形象化显示距离。

➤ 栅格 X 间距：指定 X 方向上的栅格间距。如果该值为 0，则栅格采用【捕捉 X 轴间距】的值。

➤ 栅格 Y 间距：指定 Y 方向上的栅格间距。如果该值为 0，则栅格采用【捕捉 Y 轴间距】的值。

➤ 每条主线之间的栅格数：指定主栅格线相对于次栅格线的频率。

➤ 栅格行为：控制当 VSCURRENT 设置为除二维线框之外的任何视觉样式时，所显示栅格线的外观。

➤ 自适应栅格：缩小时，限制栅格密度；放大时，生成更多间距更小的栅格线。主栅格线的频率确定这些栅格线的频率。

➤ 显示超出界线的栅格：显示超出 LIMITS 命令指定区域的栅格。

➤ 遵循动态 UCS：更改栅格平面以跟随动态 UCS 的 XY 平面。

2．【极轴追踪】标签

【极轴追踪】标签的作用是控制自动追踪设置。该标签各功能选项如图 2-38 所示。

图 2-38　【极轴追踪】标签

技术专题

单击状态栏上的【极轴追踪】按钮和【对象捕捉追踪】按钮，也可以打开或关闭极轴追踪和对象捕捉追踪。

选项含义如下：

➤ 启用极轴追踪：打开或关闭极轴追踪。

➤ 极轴角设置：设置极轴追踪的对齐角度。

➤ 增量角：设置用来显示极轴追踪对齐路径的极轴角增量。可以输入任何角度，也可以从列表中选择 90、45、30、21-5、18、15、10、5 这些常用的角度数值。

➤ 附加角：对极轴追踪使用列表中的任何一种附加角度。

➤ 角度列表：如果勾选【附加角】复选框，将列出可用的附加角度。若要添加新的角度，单击【新建】按钮即可。要删除现有的角度，单击【删除】按钮即可。

技术专题

附加角度是绝对的，而非增量的。

➤ 新建：最多可以添加 10 个附加极轴追踪对齐角度。

技术专题

添加分数角度之前，必须将AUPREC系统变量设置为合适的十进制精度，以防止不需要的舍入。例如，若系统变量AUPREC的值为0（默认值），则输入的所有分数角度将舍入为最接近的整数。

➢ 仅正交追踪：当对象捕捉追踪打开时，仅显示已获得的对象捕捉点的正交（水平／垂直）对象捕捉追踪路径。

➢ 用所有极轴角设置追踪：将极轴追踪设置应用于对象捕捉追踪。使用对象捕捉追踪时，光标将从获取的对象捕捉点起，沿极轴对齐角度进行追踪。

技术专题

在【对象捕捉追踪设置】标签中，若绘制二维图形设置为【仅正交追踪】选项；绘制三维及轴测图形时，需设置为【用所有极轴角设置追踪】选项。

➢ 绝对：根据当前用户坐标系（UCS）确定极轴追踪角度。

➢ 相对上一段：根据上一个绘制线段确定极轴追踪角度。

3. 【对象捕捉】标签

【对象捕捉】标签控制对象捕捉设置。使用执行对象捕捉设置（也称为"对象捕捉"），可以在对象上的精确位置指定捕捉点。选择多个选项后，将应用选定的捕捉模式，以返回距离靶框中心最近的点。按 Tab 键以在这些选项之间循环。该标签的功能选项如图 2-39 所示。

图 2-39　【对象捕捉】标签

技术专题

在精确绘图过程中，【最近点】捕捉选项不能设置为固定的捕捉对象，否则将对图形的精确程度影响至深。

4. 【动态输入】标签

【动态输入】标签的作用是控制指针输入、标注输入、动态提示，以及绘图工具提示的外观。该标签功能选项如图 2-40 所示。

图 2-40　【动态输入】标签

其选项含义如下：

➢ 启用指针输入：打开指针输入。如果同时打开指针输入和标注输入，则标注输入在可用时将取代指针输入。

➢ 指针输入：工具提示中的十字光标位置的坐标值将显示在光标旁边。命令提示输入点时，可以在工具提示中输入坐标值，而不用在命令行上输入。

➢ 启用标注输入：打开标注输入。标注输入不适用于某些提示输入第二个点的命令。

➢ 标注输入：当命令提示输入第二个点或距离时，将显示标注和距离值与角度值的工具提示。标注工具提示中的值将随光标移动而更改。可以在工具提示中输入值，而不用在命令行上输入值。

➢ 动态提示：需要时将在光标旁边显示工具提示中的提示，以完成命令。可以在工具提示中输入值，而不用在命令行上输入值。

> 在十字光标旁边显示命令提示和命令输入；显示【动态输入】工具提示中的提示。

> 设计工具提示外观：控制工具提示的外观。

5. 【快捷特性】标签

【快捷特性】标签的作用是指定用于显示快捷特性面板的设置。该标签功能选项如图2-41所示。

图 2-41　【快捷特性】标签

2.5　精确绘制图形

在绘图的过程中，经常要指定一些已有对象上的点，例如端点、圆心和两个对象的交点等。如果只凭观察来拾取，不可能非常准确地找到这些点。为此，AutoCAD 提供了精确绘制图形的功能，可以迅速、准确地捕捉到某些特殊点，从而能精确地绘制图形。

2.5.1　设置捕捉模式

在绘制图形时，尽管可以通过移动光标来指定点的位置，但却很难精确指定点的某个位置。因此，要精确定位点，必须使用坐标输入或启用捕捉功能。

技术专题

【捕捉模式】可以单独开启，也可以和其他模式一同打开。

【捕捉模式】用于设定鼠标光标移动的间距。使用【捕捉模式】功能，可以提高绘图效率，如图2-42所示。打开捕捉模式后，光标按设定的移动间距来捕捉点位置，并绘制出图形。

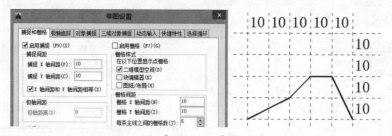

图 2-42　打开【捕捉模式】来绘制的图形

可以通过以下方式打开或关闭【捕捉】功能。

> 状态栏：单击【捕捉模式】按钮 ▦。

> 键盘快捷键：按 F9 键。

> 【草图设置】对话框：在【捕捉和栅格】标签中，勾选或取消勾选【启用捕捉】复选框。

> 命令行：输入 SNAPMODE 变量。

2.5.2 栅格显示

【栅格】是一些标定位置的小点，起坐标纸的作用，可以提供直观的距离和位置参照。利用栅格可以对齐对象并直观显示对象之间的距离。若要提高绘图的速度和效率，可以显示并捕捉矩形栅格，还可以控制其间距、角度和对齐方式。

可以通过以下命令方式来打开或关闭【栅格】功能。

➤ 状态栏：单击【栅格】按钮▦。

➤ 键盘快捷键：按 F7 键。

➤ 【草图设置】对话框：在【捕捉和栅格】标签中，勾选或取消勾选【启用栅格】复选框。

➤ 命令行：输入 GRIDDISPLAY 变量。

栅格的显示可以为点矩阵，也可以为线矩阵。仅在当前视觉样式设置为【二维线框】时栅格才显示为点，否则栅格将显示为线，如图 2-43 所示。在三维环境中工作时，所有视觉样式都显示为线栅格。

技术专题

默认情况下，UCS的X轴和Y轴以不同于栅格线的颜色显示。用户可在【图形窗口颜色】对话框中调整颜色，该对话框可以从【选项】对话框的【草图】标签中访问。

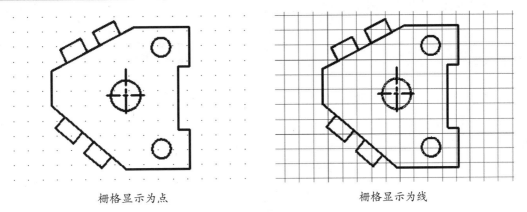

栅格显示为点　　　　　　　　　　　　　　栅格显示为线

图 2-43　栅格的显示

2.5.3 对象捕捉

在绘图的过程中，经常要指定一些已有对象上的点，例如端点、中点、圆心、节点等来进行精确定位。因此，对象捕捉功能可以迅速、准确地捕捉到某些特殊点，从而精确地绘制图形。

不论何时提示输入点，都可以指定对象捕捉。默认情况下，当光标移到对象的对象捕捉位置时，将显示标记和工具提示。此功能称为 AutoSnap™（自动捕捉），提供了视觉提示，指示哪些对象捕捉正在使用。

1. 特殊点对象捕捉

AutoCAD 提供了命令行、状态栏和右键快捷菜单三种执行特殊点对象捕捉的方法。

使用如图 2-44 所示的状态栏中的【对象捕捉】工具。

快捷菜单实现此功能，该菜单可以通过同时按下 Shift 键和鼠标右键来激活，菜单中列出了

AutoCAD 提供的对象捕捉模式，如图 2-45 所示。

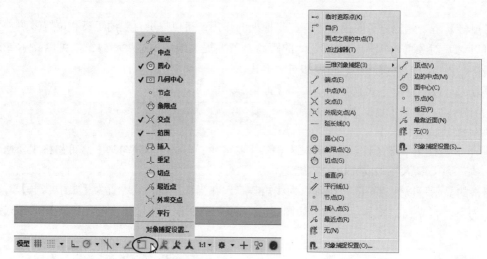

图 2-44 【对象捕捉】工具栏　　　　图 2-45　对象捕捉快捷菜单

表 2-1 列出了对象捕捉的模式及其功能，与【对象捕捉】工具栏图标及对象捕捉快捷菜单命令相对应，下面将对其中一部分捕捉模式进行介绍。

表 2-1　特殊位置点捕捉

捕捉模式	快捷命令	功　能
临时追踪点	TT	建立临时追踪点
两点之间的中点	M2P	捕捉两个独立点之间的中点
捕捉自	FRO	与其他捕捉方式配合使用建立一个临时参考点，作为指出后继点的基点
端点	ENDP	用来捕捉对象（如线段或圆弧等）的端点
中点	MID	用来捕捉对象（如线段或圆弧等）的中点
圆心	CEN	用来捕捉圆或圆弧的圆心
节点	NOD	捕捉用 POINT 或 DIVIDE 等命令生成的点
象限点	QUA	用来捕捉距光标最近的圆或圆弧上可见部分的象限点，即圆周上 0°、90°、180°、270° 位置上的点
交点	INT	用来捕捉对象（如线、圆弧或圆等）的交点
延长线	EXT	用来捕捉对象延长路径上的点
插入点	INS	用于捕捉块、形、文字、属性或属性定义等对象的插入点
垂足	PER	在线段、圆、圆弧或它们的延长线上捕捉一个点，使之与最后生成的点的连线与该线段、圆或圆弧正交
切点	TAN	最后生成的一个点到选中的圆或圆弧上引切线的切点位置
最近点	NEA	用于捕捉离拾取点最近的线段、圆、圆弧等对象上的点
外观交点	APP	用来捕捉两个对象在视图平面上的交点。若两个对象没有直接相交，则系统自动计算其延长后的交点；若两个对象在空间上为异面直线，则系统计算其投影方向上的交点

捕捉模式	快捷命令	功　能
平行线	PAR	用于捕捉与指定对象平行方向的点
无	NON	关闭对象捕捉模式
对象捕捉设置	OSNAP	设置对象捕捉

技术专题

仅当提示输入点时，对象捕捉才生效。如果尝试在命令提示下使用对象捕捉，将显示错误消息。

范例——利用【对象捕捉】绘制图形

利用【对象捕捉】功能辅助绘制如图2-46所示的圆公切线。

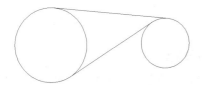

图 2-46　圆的公切线

01 单击【绘图】面板中的【圆】按钮⊙，以适当半径绘制两个圆，绘制结果如图2-47所示。

图 2-47　绘制圆

02 在操作界面的顶部工具栏区右击，选择快捷菜单中的【autocad】|【对象捕捉】命令，打开【对象捕捉】工具栏。

03 单击【绘图】面板中的【直线】按钮✓开启直线绘制功能，再选择状态栏中的【捕捉到切点】⊙工具以捕捉切点，如图2-48所示为捕捉第一个切点的情形。

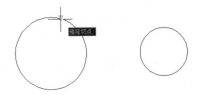

图 2-48　捕捉切点

04 继续捕捉第二个切点，如图2-49a所示。同样，进行第二条公切线的切点捕捉，随后完成公切线的绘制，如图2-49b所示。

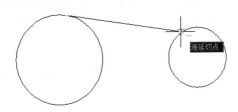

a 捕捉另一个切点

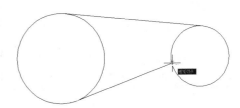

b 捕捉第二个切点

图 2-49　捕捉切点绘制公切线

技术专题

不管指定圆上哪一点作为切点，系统都会根据圆的半径和指定的大致位置确定准确的切点位置，并能根据大致指定点与内外切点距离，依据距离趋近原则判断绘制外切线还是内切线。

2．捕捉设置

在AutoCAD中绘图之前，可以根据需要事先设置开启一些对象捕捉模式，绘图时系统就能自动捕捉这些特殊点，从而加快绘图速度，提高绘图质量。

用户可以通过以下命令方式进行对象捕捉设置。

➢ 命令行：DDOSNAP。

➢ 菜单栏：【工具】|【绘图设置】命令。

➢ 工具栏：【对象捕捉】|【对象捕捉设置】按钮📷。

> 状态栏:【对象捕捉】按钮□（仅限于打开与关闭）。
> 快捷键：F3键（仅限于打开与关闭）。
> 快捷菜单：【捕捉替代】|【对象捕捉设置】。

执行上述操作后，系统打开【草图设置】对话框，单击【对象捕捉】标签，如图2-50所示，利用此标签可以设置对象捕捉方式。

图2-50　【对象捕捉】标签

2.5.4　对象追踪

对象追踪可按指定角度绘制对象，或者绘制与其他对象有特定关系的对象。对象追踪分【极轴追踪】和【对象捕捉】两种，是常用的辅助绘图工具。

1．极轴追踪

极轴追踪是按程序默认给定或用户自定义的极轴角度增量来追踪对象点。如极轴角度为45°，光标则只能按照给定的45°范围来追踪，即光标可在整个象限的8个位置上追踪对象点。如果事先知道要追踪的方向（角度），使用极轴追踪是比较方便的。

用户可以通过以下方式来打开或关闭【极轴追踪】功能。

> 状态栏：单击【极轴追踪】按钮◢。
> 键盘快捷键：按F10键。

> 【草图设置】对话框：在【极轴追踪】标签中，勾选或取消勾选【启用极轴追踪】复选框。

创建或修改对象时，还可以使用【极轴追踪】以显示由指定的极轴角度所定义的临时对齐路径。例如，设定极轴角度为45°，使用【极轴追踪】功能来捕捉的点的示意图，如图2-51所示。

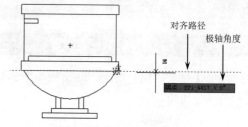

图2-51　【极轴追踪】捕捉

技术专题

在没有特别指定极轴角度时，默认角度测量值为90°；可以使用对齐路径和工具提示绘制对象；与【交点】或【外观交点】对象捕捉一起使用极轴追踪，可以找出极轴对齐路径与其他对象的交点。

范例——利用【极轴追踪】绘制图形

绘制如图2-52所示的图形。

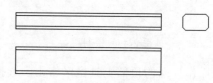

图2-52　图形

01 单击【绘图】面板中的【矩形】按钮□，绘制主视图外形。首先在屏幕上适当位置指定一个角点，然后指定第二个角点为（@100,11），结果如图2-53所示。

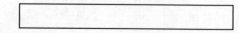

图2-53　绘制主视图外形

02 单击【绘图】面板中的【直线】按钮✎，绘制主视图棱线。命令行提示如下：

```
命令：LINE ✓
```

```
指定第一点：FROM ✓
基点：（捕捉矩形左上角点，如图2-54所示）
<偏移>：@0,-2 ✓
指定下一点或 [放弃(U)]：（鼠标右移，捕捉矩形右边上的垂足，如图2-55所示）
```

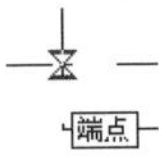

图2-54　捕捉角点 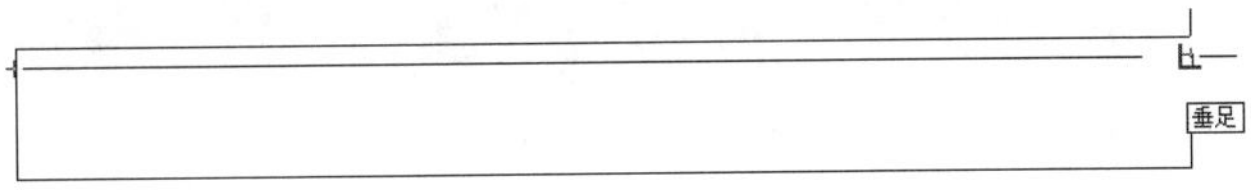　　　　　　　　　　　　图2-55　捕捉垂足

03 使用相同方法，以矩形左下角点为基点，向上偏移两个单位，利用基点捕捉绘制下边的另一条棱线。结果如图2-56所示。

04 同时单击状态栏上的【对象捕捉】和【对象追踪】按钮，启动对象捕捉追踪功能，并打开如图2-57所示【草图设置】对话框中的【极轴追踪】标签，将【增量角】设置为90，将对象捕捉追踪设置为【仅正交追踪】。

图2-56　绘制主视图棱线　　　　　　　　　图2-57　设置极轴追踪

05 单击【绘图】面板中的【矩形】按钮□，绘制俯视图外形。捕捉上面绘制矩形的左下角点，系统显示追踪线，沿追踪线向下在适当位置指定一点为矩形角点，如图2-58所示。另一角点坐标为（@100,18），结果如图2-59所示。

图2-58　追踪对象　　　　　　　　　　　　图2-59　绘制俯视图

06 单击【绘图】面板中的【直线】按钮╱，结合基点捕捉功能绘制俯视图棱线，偏移距离为2，结果如图2-60所示。

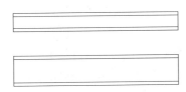

图2-60　绘制俯视图棱线

07 单击【绘图】面板中的【构造线】按钮╱，绘制左视图构造线。首先指定适当一点绘制-45°

构造线，继续绘制构造线，命令行提示如下：

```
命令：XLINE↙
    指定点或 [水平(H)/垂直(V)/角度(A)/二等分(B)/偏移(O)]：(捕捉俯视图右上角点，在水平
追踪线上指定一点，如图2-61所示)
    指定通过点：(打开状态栏上的【正交】开关，指定水平方向一点指定斜线与第四条水平线的交点)
```

08 采用同样方法绘制另一条水平构造线。再捕捉两条水平构造线与斜构造线交点为指定点绘制两条竖直构造线，如图2-62所示。

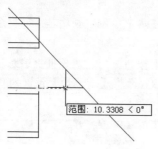

图2-61 绘制左视图构造线

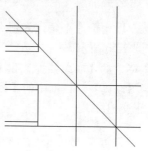

图2-62 完成左视图构造线

09 单击【绘图】面板中的【矩形】按钮□，绘制左视图。命令行提示如下：

```
命令：rectang↙
    指定第一个角点或 [倒角(C)/标高(E)/圆角(F)/厚度(T)/宽度(W)]：C↙
    指定矩形的第一个倒角距离 <0.0000>：(捕捉俯视图上右上端点)
    指定第二点：(捕捉俯视图上右上第二个端点)
    指定矩形的第二个倒角距离 <2.0000>：(捕捉俯视图上右上端点)
    指定第二点：(捕捉主视图上右上第二个端点)
    指定第一个角点或 [倒角(C)/标高(E)/圆角(F)/厚度(T)/宽度(W)]：(捕捉主视图矩形上边延
长线与第一条竖直构造线交点，如图2-63所示)
    指定另一个角点或 [尺寸(D)]：(捕捉主视图矩形下边延长线与第二条竖直构造线的交点)
```

10 结果如图2-64所示。

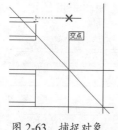

图2-63 捕捉对象

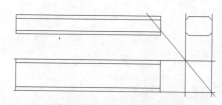

图2-64 绘制左视图

11 单击【修改】工具栏中的【删除】按钮✐，删除构造线。

2．对象捕捉追踪

对象捕捉追踪以与对象的某种特定关系来追踪，这种特定的关系确定了一个未知角度。如果事先不知道具体的追踪方向（角度），但知道与其他对象的某种关系（如相交、垂直等），则用对象捕捉追踪。极轴追踪和对象捕捉追踪可以同时使用。

用户可以通过以下方式来打开或关闭【对象捕捉追踪】功能。

➢ 状态栏：单击【对象捕捉追踪】按钮□。

➢ 键盘快捷键：按F11键。

使用对象捕捉追踪，在命令中指定点时，光标可以沿基于其他对象捕捉点的对齐路径进行追

踪，如图 2-65 所示。

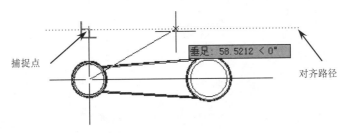

图 2-65 【对象追踪追踪】捕捉

范例——利用【对象捕捉追踪】绘制图形

使用 LINE 命令并结合对象捕捉将如图 2-66 所示中的左图修改为右图。这个实例的目的是掌握"交点""切点"和"延伸点"等常用对象捕捉的方法。

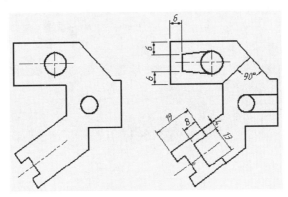

图 2-66 利用对象捕捉画线

01 画线段 BC、EF 等，B、E 两点的位置用正交偏移捕捉确定，如图 2-67 所示。

```
命令：_line 指定第一点：from              // 使用正交偏移捕捉
基点：end 于                             // 捕捉偏移基点 A
<偏移>：@6,-6                            // 输入 B 点的相对坐标
指定下一点或 [放弃(U)]：tan 到           // 捕捉切点 C
指定下一点或 [放弃(U)]：                  // 按 Enter 键结束
命令：                                   // 重复命令
LINE 指定第一点：from                    // 使用正交偏移捕捉
基点：end 于                             // 捕捉偏移基点 D
<偏移>：@6,6                             // 输入 E 点的相对坐标
指定下一点或 [放弃(U)]：tan 到           // 捕捉切点 F
指定下一点或 [放弃(U)]：                  // 按 Enter 键结束
命令：                                   // 重复命令
LINE 指定第一点：end 于                  // 捕捉端点 B
指定下一点或 [放弃(U)]：end 于           // 捕捉端点 E
指定下一点或 [放弃(U)]：                  // 按 Enter 键结束
```

技术专题

正交偏移捕捉功能可以相对于一个已知点定位另一点。操作方法：先捕捉一个基准点，然后输入新点相对于基准点的坐标（相对直角坐标或相对极坐标），这样即可从新点开始绘图了。

02 画线段 GH、IJ 等，如图 2-68 和图 2-69 所示。

命令：_line 指定第一点：int 于	// 捕捉交点 G
指定下一点或 [放弃(U)]：per 到	// 捕捉垂足 H
指定下一点或 [放弃(U)]：	// 按 Enter 键结束
命令：	// 重复命令
LINE 指定第一点：qua 于	// 捕捉象限点 I
指定下一点或 [放弃(U)]：per 到	// 捕捉垂足 J
指定下一点或 [放弃(U)]：	// 按 Enter 键结束
命令：	// 重复命令
LINE 指定第一点：qua 于	// 捕捉象限点 K
指定下一点或 [放弃(U)]：per 到	// 捕捉垂足 L
指定下一点或 [放弃(U)]：	// 按 Enter 键结束
画线段 NO、OP 等，如图 2-69 所示。	
命令：_line 指定第一点：ext	// 捕捉延伸点 N
于 19	// 输入 N 点与 M 点的距离
指定下一点或 [放弃(U)]：par	// 利用平行捕捉画平行线
到 4	// 输入 O 点与 N 点的距离
指定下一点或 [放弃(U)]：par	// 使用平行捕捉
到 8	// 输入 P 点与 O 点的距离
指定下一点或 [闭合(C)/放弃(U)]：par	// 使用平行捕捉
到 13	// 输入 Q 点与 P 点的距离
指定下一点或 [闭合(C)/放弃(U)]：par	// 使用平行捕捉
到 8	// 输入 R 点与 Q 点的距离
指定下一点或 [闭合(C)/放弃(U)]：per 到	// 捕捉垂足 S
指定下一点或 [闭合(C)/放弃(U)]：	// 按 Enter 键结束

技术专题

延伸点捕捉功能可以从线段端点开始沿线的方向确定新点。操作方法是：先把光标从线段端点开始移动，此时系统沿线段方向显示出捕捉辅助线及捕捉点的相对极坐标，再输入捕捉距离，系统就定位一个新点。

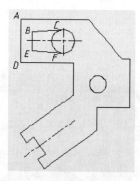
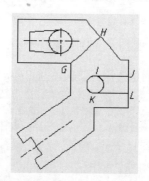
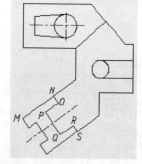

图 2-67 画线段 BC、EF 等　　图 2-68 画线段 GH、IJ 等　　图 2-69 画线段 NO、OP 等

2.5.5 正交模式

正交模式用于控制是否以正交方式绘图，或者在正交模式下追踪对象点。在正交模式下，可以方便地绘出与当前 X 轴或 Y 轴平行的直线。

用户可以通过以下命令方式打开或关闭正交模式。

➢ 状态栏：单击【正交模式】按钮┗。

➢ 键盘快捷键：按 F8 键。

➢ 命令行：输入变量 ORTHO。

创建或移动对象时，使用【正交】模式将光标限制在水平或垂直轴上。移动光标时，不管水平轴或垂直轴哪个离光标最近，拖引线将沿着该轴移动，如图 2-70 所示。

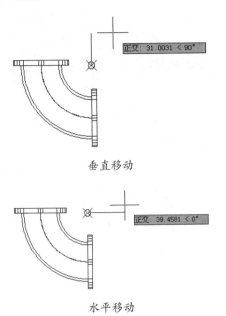

图 2-70 【正交】模式的垂直移动和水平移动

技术专题

打开【正交】模式时，使用直接距离输入方法以创建指定长度的正交线，或将对象移动指定的距离。

在【二维草图与注释】空间中，打开【正交】模式，拖引线只能在 XY 工作平面的水平方向和垂直方向上移动。在三维视图中，【正交】模式下，拖引线除了可以在 XY 工作平面的 X、-X 方向和 Y、-Y 方向上移动外，还能在 Z 和 -Z 方向上移动，如图 2-71 所示。

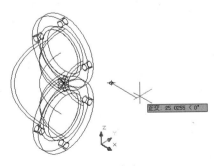

X 方向移动

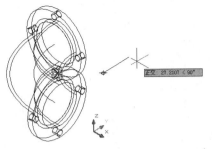

Y 方向移动

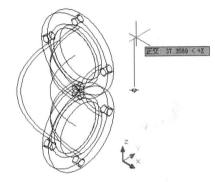

Z 方向移动

图 2-71 三维空间中【正交】模式的拖引线移动

技术专题

在绘图和编辑过程中，可以随时打开或关闭【正交】。输入坐标或指定对象捕捉时将忽略【正交】。使用临时替代键时，无法使用直接距离输入方法。

范例——利用【正交】模式绘制图形

利用【正交】模式绘制如图 2-72 所示的图形，其操作步骤如下。

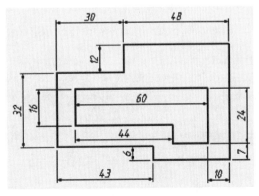

图 2-72 图形

01 单击状态栏中的【正交模式】按钮▉▉，启动【正交模式】功能。

单独绘制线段 AB、BC、CD 等，如图 2-73 所示。命令行操作提示如下：

```
命令：＜正交开＞                              // 打开正交模式
命令：_line 指定第一点：                       // 单击 A 点
指定下一点或 [放弃 (U)]：30                    // 向右移动光标并输入线段 AB 的长度
指定下一点或 [放弃 (U)]：12                    // 向上移动光标并输入线段 BC 的长度
指定下一点或 [闭合 (C) / 放弃 (U)]：48          // 向右移动光标并输入线段 CD 的长度
指定下一点或 [闭合 (C) / 放弃 (U)]：50          // 向下移动光标并输入线段 DE 的长度
指定下一点或 [闭合 (C) / 放弃 (U)]：35          // 向左移动光标并输入线段 EF 的长度
指定下一点或 [闭合 (C) / 放弃 (U)]：6           // 向上移动光标并输入线段 FG 的长度
指定下一点或 [闭合 (C) / 放弃 (U)]：43          // 向左移动光标并输入线段 GH 的长度
指定下一点或 [闭合 (C) / 放弃 (U)]：C           // 使线框闭合
```

02 绘制线段 IJ、JK、KL 等，如图 2-74 所示。

```
命令：_line 指定第一点：from                   // 使用正交偏移捕捉
基点：int 于                                  // 捕捉交点 E
＜偏移＞：@-10,7                              // 输入 I 点的相对坐标
指定下一点或 [放弃 (U)]：24                    // 向上移动光标并输入线段 IJ 的长度
指定下一点或 [放弃 (U)]：60                    // 向左移动光标并输入线段 JK 的长度
指定下一点或 [闭合 (C) / 放弃 (U)]：16          // 向下移动光标并输入线段 KL 的长度
指定下一点或 [闭合 (C) / 放弃 (U)]：44          // 向右移动光标并输入线段 LM 的长度
指定下一点或 [闭合 (C) / 放弃 (U)]：8           // 向下移动光标并输入线段 MN 的长度
指定下一点或 [闭合 (C) / 放弃 (U)]：C           // 使线框闭合
```

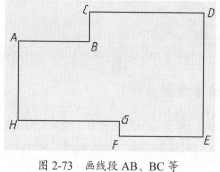

图 2-73　画线段 AB、BC 等　　　　　图 2-74　画线段 IJ、JK 等

2.5.6　锁定角度

在绘制几何图形时，有时需要指定角度替代，以锁定光标来精确输入下一个点。通常，指定角度替代，是在命令提示指定点时输入左尖括号（<），其后输入一个角度。

例如，如下所示的命令行操作提示中显示了在 LINE 命令过程中输入 30° 替代。

```
命令：line
指定第一点：                                  // 指定直线的起点
指定下一点或 [放弃 (U)]：<30 ✓                 // 输入符号及角度值
角度替代：30
指定下一点或 [放弃 (U)]：                       // 指定直线下一点
```

技术专题

所指定的角度将锁定光标，替代【栅格捕捉】和【正交】模式。坐标输入和对象捕捉优先于角度替代。

2.5.7 动态输入

【动态输入】功能控制指针输入、标注输入、动态提示，以及绘图工具提示的外观。

用户可以通过以下命令方式来执行操作：

➢ 【草图设置】对话框：在【动态输入】标签下勾选或取消勾选【启用指针输入】等复选框。

➢ 状态栏：单击【动态输入】按钮 。

➢ 键盘快捷键：按 F12 键。

启用【动态输入】时，工具提示将在光标附近显示信息，该信息会随着光标的移动而动态更新。当某命令处于活动状态时，工具提示将为用户提供输入的位置。如图 2-75 所示为绘图时动态和非动态输入比较。

动态输入有三个组件：指针输入、标注输入和动态提示。用户可以通过【草图设置】对话框来设置动态输入显示时的内容。

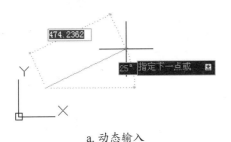

a. 动态输入

b. 非动态输入

图 2-75 动态和非动态输入比较

1. 指针输入

当启用指针输入且有命令在执行时，十字光标的位置将在光标附近的工具提示中显示为坐标。绘制图形时，用户可以在工具提示中直接输入坐标值来创建对象，则不用在命令行中另行输入，如图 2-76 所示。

图 2-76 指针输入

技术专题

指针输入时，如果是相对坐标输入或绝对坐标输入，其输入格式与在命令行中输入相同。

2. 标注输入

若启用标注输入，当命令提示输入第二点时，工具提示将显示距离（第二点与起点的长度值）和角度值，且在工具提示中的值将随光标的移动而发生改变，如图 2-77 所示。

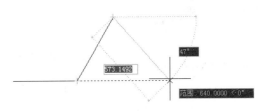

图 2-77 标注输入

技术专题

在标注输入时，按Tab键可以交换动态显示长度值和角度值。

用户在使用夹点（夹点的概念及使用方法将在本书第 5 章中详细介绍）来编辑图形时，标注输入的工具提示框中可能会显示旧的长度、移动夹点时更新的长度、长度的改变、角度、移动夹点时角度的变化、圆弧的半径等信息，如图 2-78 所示。

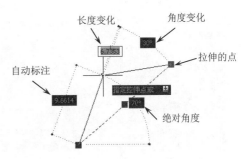

图 2-78 使用夹点编辑时的标注输入

服装结构设计与实战

使用标注输入设置，工具提示框中显示的是用户希望看到的信息，要精确指定点，可在工具提示框中输入精确数值即可。

3. 动态提示

启用动态提示时，命令提示和命令输入会显示在光标附近的工具提示中。用户可以在工具提示（而不是在命令行）中直接输入响应，如图 2-79 所示。

图 2-79　使用动态提示

技术专题

按键盘的下箭头↓键可以查看和选择选项；按上箭头↑键可以显示最近的输入。要在动态提示工具提示中使用 PASTECLIP（粘贴），可在输入字母之后、在粘贴输入之前用空格键将其删除。否则，输入将作为文字粘贴到图形中。

范例——使用动态输入功能绘制图形

打开动态输入，通过指定线段长度及角度画线，如图 2-80 所示。这个实例的目的是掌握使用动态输入功能画线的方法。

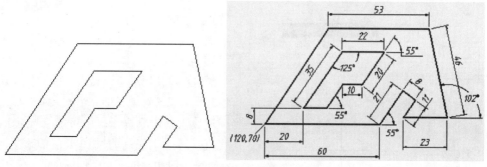

图 2-80　图形

01 打开动态输入，设定动态输入方式为"指针输入""标注输入"及"动态显示"。

02 画线段 AB、BC、CD 等，如图 2-81 所示。

命令：_line 指定第一点：120,70	// 输入 A 点的 x 坐标值，按 Tab 键，输入 A 点的 y 坐标值
指定下一点或 [放弃(U)]：0	// 输入线段 AB 的长度 60，按 Tab 键，输入线段 AB 的角度 0°
指定下一点或 [放弃(U)]：55	// 输入线段 BC 的长度 21，按 Tab 键，输入线段 BC 的角度 55°
指定下一点或 [闭合(C)/放弃(U)]：35	// 输入线段 CD 的长度 8，按 Tab 键，输入线段 CD 的角度 35°
指定下一点或 [闭合(C)/放弃(U)]：125	// 输入线段 DE 的长度 11，按 Tab 键，输入线段 DE 的角度 125°
指定下一点或 [闭合(C)/放弃(U)]：0	// 输入线段 EF 的长度 23，按 Tab 键，输入线段 EF 的角度 0°

指定下一点或 [闭合 (C) / 放弃 (U)]：102	// 输入线段 FG 的长度 46，按 Tab 键，输入线段 FG 的角度 102°
指定下一点或 [闭合 (C) / 放弃 (U)]：180	// 输入线段 GH 的长度 53，按 Tab 键，输入线段 GH 的角度 180°
指定下一点或 [闭合 (C) / 放弃 (U)]：C	// 按↓键，或者选择【闭合】选项

03 画线段 IJ、JK、KL 等，如图 2-82 所示。

命令：_line 指定第一点：140,78	// 输入 I 点的 x 坐标值，按 Tab 键，输入 I 点的 y 坐标值
指定下一点或 [放弃 (U)]：55	// 输入线段 IJ 的长度 35，按 Tab 键，输入线段 IJ 的角度 55°
指定下一点或 [放弃 (U)]：0	// 输入线段 JK 的长度 22，按 Tab 键，输入线段 JK 的角度 0°
指定下一点或 [闭合 (C) / 放弃 (U)]：125	// 输入线段 KL 的长度 20，按 Tab 键，输入线段 KL 的角度 125°
指定下一点或 [闭合 (C) / 放弃 (U)]：180	// 输入线段 LM 的长度 10，按 Tab 键，输入线段 LM 的角度 180°
指定下一点或 [闭合 (C) / 放弃 (U)]：125	// 输入线段 MN 的长度 15，// 按 Tab 键，输入线段 MN 的角度 125°
指定下一点或 [闭合 (C) / 放弃 (U)]：C	// 按↓键，选择"闭合"选项

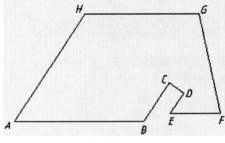

图 2-81 画线段 AB、BC 等

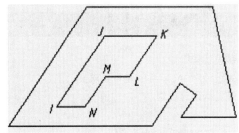

图 2-82 画线段 IJ、JK 等

2.6 本章小结

通过本章的学习，对于刚接触此软件的服装专业学员来说至关重要。任何一款软件都是服务于专业的、服务于设计的，但没有熟练的软件操作技能，即使会设计也无法准确地表达出来。

所以由于本书非专注于软件的操作技能，而是服装设计与制图的专业书籍，在软件功能讲解上难免有许多瑕疵，希望大家谅解，当然也可以给我们反馈信息，为以后的改版提供必要参考。

第*3*章 原型平面构成设计

本章导读

　　服装结构设计，是在原型基础上进行的。依据不同服装品种的规格，只需制作中间号型的原型，然后进行服装结构变化制图，制作样板。其他号型的样板，可以利用推板技术进行放大或缩小。原型是进行服装结构制图和变化的基础，只有利用某种服装制图方法，制作出准确、规范的各种原型，掌握了服装结构设计的原理，才能随心所欲地对变款服装进行结构变化制图。本章内容主要叙述服装原型的概念、原型的意义、原型的分类及服装原样的制作方法。因此本章内容十分重要，希望通过认真学习，能够掌握本章内容与方法。

本章知识点

◆ 服装设计学概论　　　　　　　　　　◆ 服装结构设计方法
◆ 服装设计对CAD软件的基本要求　　　◆ 原型平面构成的方法
◆ 服装结构设计原理

3.1　服装原型概念

　　任何物体都有一个不同的原始基本形状，这个形状就叫作"原型"。服装的原型是根据人体的提醒特征来确定的。理论上每个人都具有自己的服装原型，为了裁剪制作服装的方便，我们将服装原型分为女装、男装、童装三个原型种类系列。

　　由于服装原型反映了正常人体外观的基本形状，应用原型进行服装制图，能够确保服装与人体的吻合。由于服装原型是承载服装变化基本功能的服装部件，应用原型进行服装制图，能够最大限度地进行款式变化。为服装设计师进行创造性设计、研究服装结构、将服装效果图转化为服装裁剪图，提供了可靠、灵活的裁剪制图方法。

3.1.1　服装原型的由来

　　服装原型的诞生，应该说是早期立体剪裁的产物，它最早出现于欧美，而不是很多人认为的日本。近半个世纪以来，发达国家的服装样板设计，大都采用服装原型应用技术，尤其是女样板设计。应该说原型裁剪在一定程度上替代了立体裁剪对于基础纸样分析、理解的作用。服装结构设计已开始向科学化、系列化、规范化和标准化的方向发展，这是当今国际服装潮流发展的必然趋势。

　　日本是东方最早研究服装原型的，中国人与日本人的人体体型是非常相近的，文化式服装原型在我国的传播和应用较为广泛，最初又叫"洋服裁剪法"。由于其制图方法简单易学，结构原理浅显易懂，便于省道的转移和结构的变化，于是成为服装专业院校的结构教育课程，国内许多服装专业院校的结构老师结合我国人体特征，变化出了实用的中国式原型。

3.1.2　服装原型的种类

按原型的流派来分

➢ 英、美、意等欧派：此类原型是根据欧美等国的人体体型而设计的原型，适合人体曲面起伏大、省量大的情况。如图3-1所示为美式原型的袖子制版。

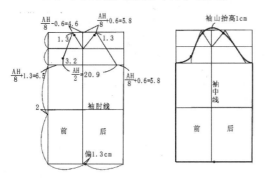

图 3-1　欧派美式的原型袖子制版

➢ 日本派：最典型的有两类，一种为文化式原型，另一种为登丽美原型。日本属亚洲黄种人，与我国的人体体型较接近，原型的差异程度较小，可以为我们所用。如图3-2所示为日本文化式原型的基本图形和部位名称；如图3-3所示为登丽美原型各部位名称。

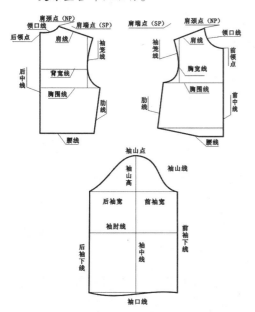

图 3-2　日本传统文化式原型各部位名称

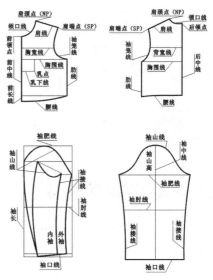

图 3-3　登丽美原型各部位名称

➢ 中国派：我国目前的原型也比较多，都是 20 世纪 80 年代借鉴了日本原型，再结合我国自己的平面裁剪方式总结而来的。如图3-4~图3-8所示为中国式原型的基本图形和各部位名称。

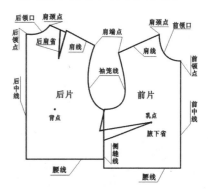

图 3-4　女装上衣原型

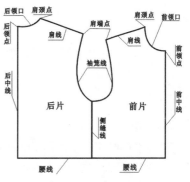

图 3-5　男装上衣原型

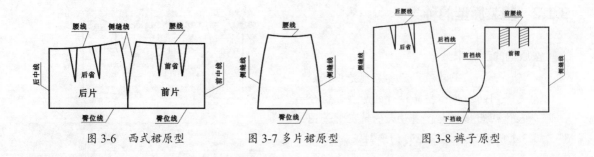

图 3-6　西式裙原型　　　　图 3-7　多片裙原型　　　　图 3-8 裤子原型

原型平面构成设计

当我们要绘制一个款式的结构图时，只需要调用原板，不需要太多的计算，仅仅通过运用适合的线条和标记，在结构图上清楚地标注出省道位置和缝型，就能获得该款式的正确结构设计板。

3.2.1　原型结构设计的测量与计算

如图 3-9 所示为单省原型袖的结构设计图。

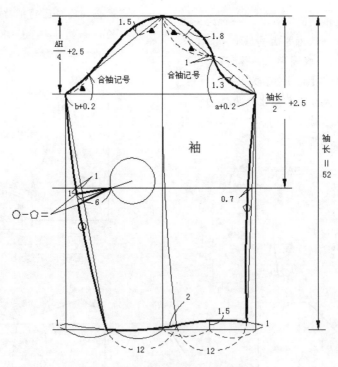

图 3-9　单省原型袖的结构设计图

1．测量部位

原型平面设计的测量部位是：以日本文化式原型为例，日本文化式原型只需测量胸围、背长

三个尺寸，颈围与肩宽的确定不够准确，最好结合我国中间标准体增加测量部位，如颈围、

2．尺寸加放

原型法裁剪的尺寸加放分两步进行，第一步先考虑人体基本合体松量加放 10cm 左右；第二步再根据款式和结构风格进行加放或缩小。

具体可参考如下：晚装、礼服等贴体风格的服装，胸围加放量再紧胸围的尺寸上加放 0~2cm；贴体的单件上衣，如女式时装衬衫在净胸围的基础上加放 4~6cm；合体的普通衬衣或单件外套在净胸围的基础上加放 8~10cm；宽松衬衣为 12~20cm；西装为 8~10cm；大衣为 15~20cm。

3.2.2　原型结构设计制图方法

下面我们以文化式裙原型为例，介绍其设计流程。文化式裙原型是最简单的裙原型之一，它能保证自动地将腰至底摆的各部分调整为恰当的比例。

根据 160/66A 的号型，设计裙原型的规格尺为：

裙长 =55　W= 68　H= 94

范例——文化式裙原型结构设计

01 先绘制裙原型的基础线，如图 3-10 所示。

02 找前、后腰围及中臀线，如图 3-11 所示。

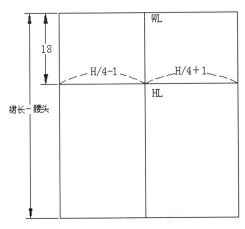

图 3-10　绘制裙原型的基础线

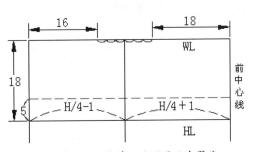

图 3-11　找前、后腰围及中臀线

03 画腰弧线和侧缝线，如图 3-12 所示。

04 画前、后腰省，如图 3-13 所示。

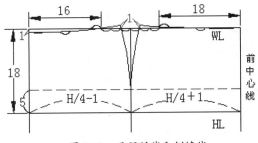

图 3-12　画腰弧线和侧缝线

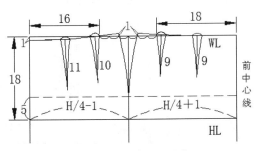

图 3-13　画前、后腰省

05 将省尖延伸 3.8cm 找到中枢圆的位置后画出各自的中枢圆，规范标注各部位尺寸，再将结构线的线宽设定为 0.9mm。裙原型的绘制完成，如图 3-14 所示。

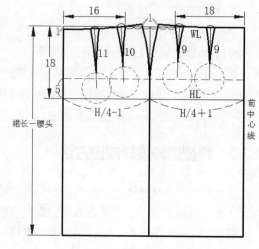

图 3-14　完成裙原型绘制

3.3　核心进阶案例——原型衣身图样的绘制技巧

服装结构制图包含四大部件的绘制，即：身、袖、裙和裤，本案例将利用 AutoCAD 2016 强大的平台以原型构成法作为实例，详细讲解原型衣身图样的绘制方法与步骤。

下面通过 AutoCAD 2016 打制成年女性原型上衣，逐步了解原型上衣的构成和图形软件的一些基本操作要领。本案例分 3 个步骤来完成：创建成品规格尺寸表、绘制衣身图形和尺寸标注。

3.3.1　创建成品规格尺寸表

在服装结构设计过程中第一个步骤就是建立成品规格尺寸表，将服装打板所需要的各部位数据准确地列出来。AutoCAD 应用程序具备创建表格的强大功能，为用户提供了方便。

01 单击【绘图】工具条中的【表格】按钮圖，弹出【插入表格】对话框。然后在该对话框中输入如图 3-15 所示的表格参数，完成后单击【确定】按钮关闭对话框。

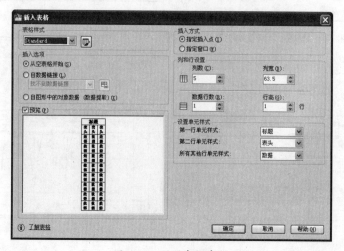

图 3-15　设置表格参数

02 随后在图形区中自动插入表格,如图 3-16 所示。

图 3-16　自动插入表格

03 双击表格,表格处于可编辑状态。然后在表格中输入文字与数字,以此创建出成品规格尺寸表格,如图 3-17 所示。

原型规格尺寸表		号/型160/84A		单位（cm）
部位	胸围	背长	袖长	
净尺寸	84	38	50.5	
成品尺寸	94	38	52	

图 3-17　创建的成品规格尺寸表格

3.3.2　绘制原型上衣图形

原型上衣图形的绘制,可使用 AutoCAD2016 中的图形绘制工具,如直线、矩形、圆弧等。

01 在【绘图】工具条中单击【矩形】按钮 □ ,然后在图形区绘制出如图 3-18 所示的矩形。

02 绘制袖窿深线(原型的袖窿深为 B/6+7=21cm)。在命令行输入 O(偏移命令)并按 Enter 键执行,然后在图形区中以水平直线作为偏移的参考对象,创建出偏移距离为21的直线(即辅助线),如图 3-19 所示。

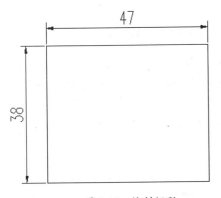

图 3-18　绘制矩形

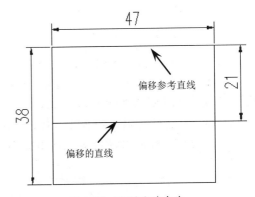

图 3-19　绘制偏移直线

技术专题

直线的绘制方法有多种。此处由于已经绘制了图形,所以在后面绘制直线时使用的是"偏移"工具,而不是"直线"工具,为此我们往往会找到快速绘制图形的方法。

03 绘制衣身侧缝线的辅助线。在命令行输入 L(直线命令),按 Enter 键执行命令后在如图 3-20 所示的两条水平直线中点位置,绘制直线。

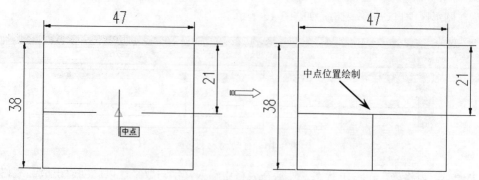

图 3-20　绘制直线

04 绘制前胸宽线和后背宽线（原型的前胸宽为 B/6+3=17cm；后背宽为 B/6+4.5=18.5cm）。使用"偏移"工具，在图形区中绘制两条偏移直线，如图 3-21 所示。

05 在命令行输入 TR，双击 Enter 键执行命令后，将两条偏移的直线进行修剪，得到前胸宽线和后背宽线，结构如图 3-22 所示。

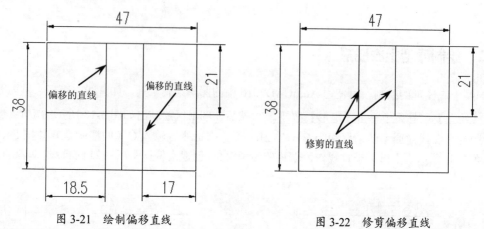

图 3-21　绘制偏移直线　　　　　　　　图 3-22　修剪偏移直线

06 绘制后领口宽、后领口深和后肩斜线（原型的后领口宽为 B/20+2.9=7.1cm；后领口深为后领口宽的 1/3）。使用"直线"工具，绘制出如图 3-23 所示的两条长 2.37 的直线找到后 SNP。再在后背宽线的 2.37 端点处向外绘制一条 2cm 的水平线找到后 SP。

07 至此我们会很快将后片上的 BNP、SNP、SP 三个结构点准确地找出来，随后绘制直线以连接后 SNP 与后 SP 结构点形成后肩斜线，如图 3-24 所示。

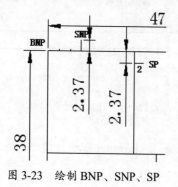

图 3-23　绘制 BNP、SNP、SP

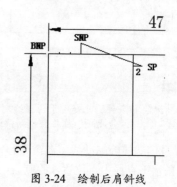

图 3-24　绘制后肩斜线

08 绘制前领口宽、前领口深和前肩斜线（原型的前领口宽为后领口宽 7.1-0.2=6.9cm，前领口深为后领口宽 7.1+1=8.1cm）。使用"直线"工具，先绘制出如图 3-25 所示的前领口宽和前领口深直线。

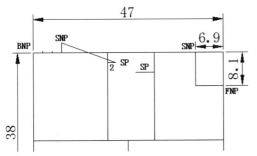

图 3-25　绘制前领口宽、前领口深直线

09 再使用"直线"工具，绘制连接前 SNP 与前 SP 结构点的斜线成为前肩斜线，前肩斜线的起点与终点为前 SNP 和前 SP，是后肩斜线的长度减 1.8cm 得来的，如图 3-26 所示。

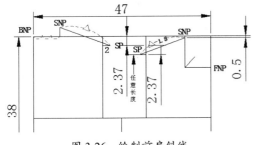

图 3-26　绘制前肩斜线

10 绘制后领窝弧线和前领窝弧线。利用菜单栏中的绘图工具将后领口宽分成三等分，使用【直线】工具绘制前领窝的角平分线，使用【多段线】工具 ，以后 BNP 作为起始点，后 SNP 为终止点绘制出后领窝弧线。再用【圆弧】工具以前 SNP 作为起始点，经过前领窝的角平分线的端点，连接前 FNP 绘制好前领窝弧线，如图 3-27 所示。

11 绘制后袖窿弧线和前袖窿弧线。使用【直线】工具，绘制出如图 3-23 所示的前后袖窿的凹点，再分别找出前宽线和后背宽线的中点，利用【多段线】工具分别绘制出后袖窿弧线和前袖窿弧线，如图 3-28 所示。

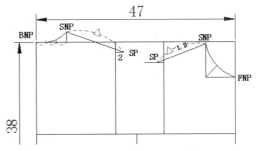

图 3-27　绘制后领窝弧线和前领窝弧线

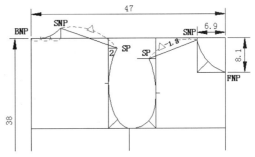

图 3-28　绘制后袖窿弧线和前袖窿弧线

12 绘制 BP 点和前后腰围线。使用【直线】工具，绘制出如图 3-23 所示的 BP 位置,再使用【直线】工具绘制好前后腰围线，如图 3-29 所示。

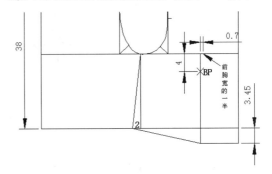

图 3-29　绘制 BP 点和前后腰围线

3.3.3　标注图形

完成所有图形绘制后要进行规范的标注。

01 文化式原型辅助线、结构点的规范标注，如图 3-30 所示。

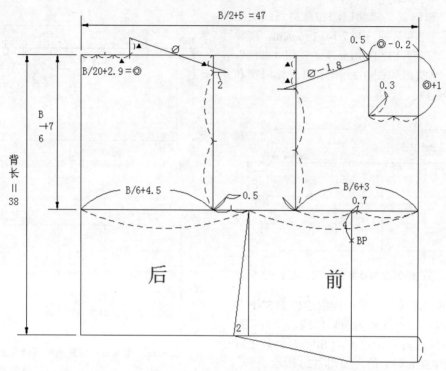

图 3-30　原型上衣结构辅助线、结构点的标注方式图

02 文化式原型结构线的线宽设定与规范标注，如图 3-31 所示。

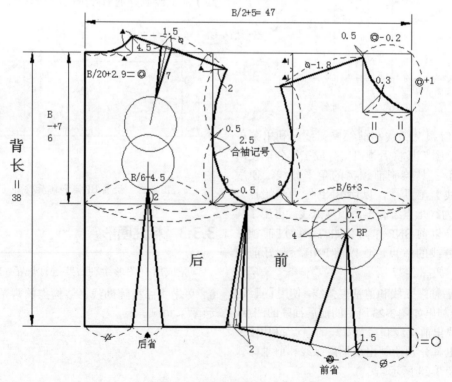

图 3-31　原型上衣结构线的线宽设定与标注方式图

3.4　本章小结

　　本章为理论与实践相结合的授课形式，第一要使读者了解有关服装的基础知识，如：现代服装设计学所包含的学科；结构设计在服装设计中的重要地位；现代服装工业的发展状况；结构设计师在现代服装企业中所扮演的重要角色；第二要求读者会观察人体特征——体型观察，了解衣服的构成与人体结构的关系，能够进行正确的人体测量，以便在以后的制图和样板展开中灵活运用，制出符合于人体机能实用性，又具有装饰性的服装。

　　首先着重讲解人体的计测部位与测体方法，教具使用要人台或请读者上台实际测量。读者要进行课上或课下的测体练习。其次还要着重讲解随着现代服装工业的高速发展，统一服装号型及编码的重要意义。

　　通过文化式原型的绘制过程初步了解 AutoCAD 2016 的一些基本操作，对 AutoCAD 2016 有一个基本认识。

第4章 女上装结构设计与变化形式

本章导读

通过第 1 章的学习我们对服装设计学有了一个初步认识，了解了一些服装结构设计原理及方法，最主要的是知道了 AutoCAD 在服装结构设计中所起的作用。

本章主要介绍 AutoCAD 2016 软件在服装设计领域的应用知识的延续。通过女式上装的结构设计原理，更进一步熟悉计算机辅助服装设计的专业知识。

本章知识点

◆ 女式上装的技术与风格   ◆ 女上装（衣袖）结构设计与变化形式
◆ 女式上装的结构设计原理   ◆ 女上装（衣领）结构设计与变化形式
◆ 女上装（衣身）结构设计与变化形式   ◆ 核心进阶案例

4.1 女上装设计的技术与风格

在本节中，我们将重点学习女上装的结构设计方面的技术与要点，希望读者能熟悉并掌握女上装的结构设计基础知识与变化形式。下面就女上装的结构设计基础知识变化形式一一做详细介绍。

4.1.1 女上装的结构设计要素

女上装的结构设计相对于款式设计而言更严谨，需要设计者综合考虑更多的设计要素，归纳起来主要由以下四个重点组成。

➢ 年龄：设计者必须按照顾客的年龄段进行设计，正常人在不同年龄段具有不同的体型，而体型是随着年龄的变化而变化的。

➢ 季节：春夏秋冬不同的季节对服装的结构设计与变化有着重要的影响。

➢ 面料：不同的面料有着不同的物理性，如弹性、悬垂性，所以面料也是结构设计中重要因素之一。

➢ 流行趋势：时装是设计师的产物，作为设计师必须把握流行趋势，掌握当代时尚元素，是简单简约还是纷繁复杂；是清馨浪漫还是浓烈古典。

技术专题

流行时装的设计，年龄段一般考虑在18~24岁这个范围，也就是说我们在时装结构设计时常采用的是18~24岁这个年龄段的体型，以Y和A体型为主。

4.1.2　女上装的结构设计风格

女式上装的结构风格归纳起来主要有以下三种。

➢ 贴体：宽松度少，贴近人体皮肤，充分表现人体优美曲线的造型风格；

➢ 合体：松量适度，既严谨又大方，职业性与时尚性完美结合的造型风格；

贴体风格

合体风格

➢ 宽体：松量较大，便于穿脱，方便舒适，具有随意休闲的风格。

宽体风格

4.2　女上装的结构设计原理

掌握服装结构的变化原理，能在服装制版、服装设计中很好地应用。下面详解介绍女式上装的结构设计变化原理。

4.2.1　省道的设计与变化

省道的设计是服装结构设计的基础，服装通过收省，才能合体并具有立体效果。省道可以根据服装款式的需要设在服装的不同部位，如上衣的前身、后身、衣袖、裤子和裙子的腰部等。

1. 省的形成

人的体型呈立体状，将布料围裹在人体模型上，在肩部、腰部会出现不合体的宽松现象，因此，在宽松的部位采用收省的方法将多余的布料折叠起来以适合人体体型，折叠部分称为省，如图4-1所示。

2. 省的名称

省是依据它在衣片上的部位而命名的。如省道于肩部的称肩省，位于领围处的称领省、位于胸部的称胸省、位于袖窿处称袖窿省、位于腰部的称腰省、位于腋下处的称腋下省等。省的位置随服装款式的需要而定，只要是以胸高点（BP）为中枢圆心，可向任何方向确定省的位置，如图4-1所示。

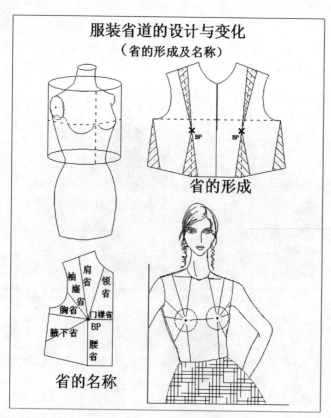

图 4-1　省的形成与名称

3．省的形状

省的形状主要有锥形省、丁字省、弧形省、橄榄省、喇叭省、开花省、S形省、折线省等，如图4-2所示。

锥形省　丁字省　弧形省　橄榄省　喇叭省　开花省　S形省　折线省

图4-2　省的形成与名称

4．省的变化

(1) 省道的转移

省道的变化是服装，特别是女装款式变化的主要因素之一，是解决女装合体性的主要结构线，许多部位均可以通过省道的变化进行结构设计。省经过缝合使平面的布料呈现出圆锥形或圆台形等立体效果。省道的转移通常有两种方法，即剪开旋转法和量取角度法。

➤ 剪开旋转法：剪开旋转法是一种十分方便、准确，而且适合运用于任何省道转移的快速方法，只要按照以下的操作步骤就能做出各种省道转移的款式造型，如图4-3～图4-5所示。

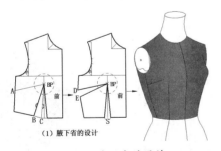

(1) 腋下省的设计

图4-3　腋下省的设计

(2) 袖窿省的设计　　(3) 肩省的设计

图4-4　袖窿省和肩省的设计

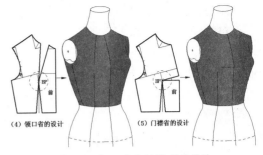

(4) 领口省的设计　　(5) 门襟省的设计

图4-5　领口省和门襟省的设计

➤ 量取角度法：量取角度法是在计算机辅助设计中普遍运用的一种方法，其快速、精确，适合高级成衣的设计与加工。通过计算机可以精确测量出所设计省的角度，不同体型的人，不同结构风格的服装所设计的省的角度有所不同，如图4-6和图4-7所示。

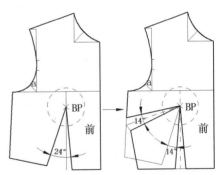

图4-6　量取角度法设计的腋下省

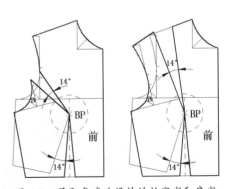

图4-7　量取角度法设计的袖窿省和肩省

技术专题

以我国成年女性中间标准体：160/84A为例，单省原型的腰省约等于24°，在设计合体单件上衣时腰省设为10°，将剩余的14°转移到其他部位后造型效果最理想。

(2) 省道的合并

省根据不同款式要求可以进行合并，也可将合并后的省转移至衣片的不同位置，如图4-8所示，将腰省全部合并转化成袖窿省；如图4-9所示将腰省全部合并转化成肩省；如图4-10所示将腰省全部合并转化成领口省；如图4-11所示将腰省全部合并转化成门襟省。

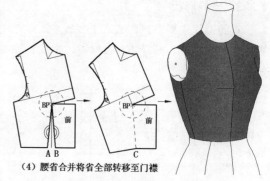

（4）腰省合并将省全部转移至门襟

图 4-11　合并转化成门襟省

4.2.2　分割线的设计与变化

分割线的设计是解决服装贴体性的主要手段，常用于女装前胸、后背、腰部和臀部，能够充分表达女性胸、腰、臀之间自然、优美的曲线，如常见的公主线、刀背线、育克线等。分割线的设计方法通常有两种，下面通过具体实例加以介绍。

1. 结构分割线

和结构有关的分割线，是通过省道线转化而来的，其特征是必须经过结构点，对服装起到造型作用，如图4-12~图4-14所示。

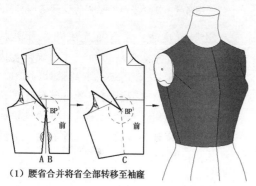

（1）腰省合并将省全部转移至袖窿

图 4-8　合并转化成袖窿省

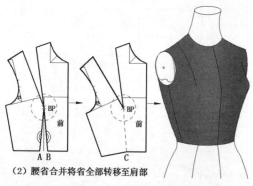

（2）腰省合并将省全部转移至肩部

图 4-9　合并转化成肩省

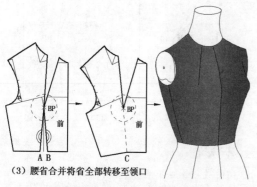

（3）腰省合并将省全部转移至领口

图 4-10　合并转化成领口省

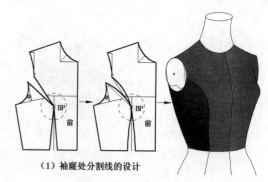

（1）袖窿处分割线的设计

图 4-12　刀背线的设计

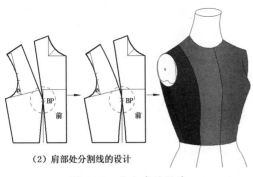

（2）肩部处分割线的设计

图 4-13　公主线的设计

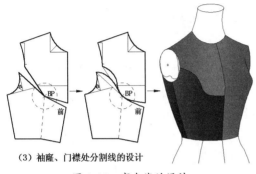

（3）袖窿、门襟处分割线的设计

图 4-14　育克线的设计

2．款式分割线

和结构没有关系的款式分割线，在服装的任何部位都可以设计，不需要经过结构点，它只起装饰作用，如图 4-15 所示。

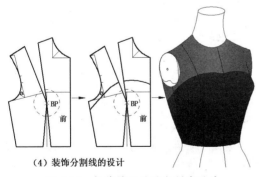

（4）装饰分割线的设计

图 4-15　起装饰效果的分割线设计

4.2.3　褶、裥的设计与变化

褶裥在服装结构中一般通过缩褶（抽褶）、打裥等形式完成，它赋予服装丰富的造型变化。通过缩褶、打裥的方式能将服装面料较长或较

宽的部分缩短或变窄，使服装适合人体，并给人体较大的宽松量，还能发挥面料悬垂性、层次性和飘逸性的特点。

由于褶裥能使服装舒适合体和增加其装饰效果，因而被大量用于半宽松和宽松的女式服装中。褶裥一般通过省转移变化获得，任何省都可以变成褶裥，但不是所有褶裥都由省转化而来。由于褶裥具有强调和装饰的作用，在结构处理上，有时仅用现有的基本省转移成褶量是不够的，一般要通过增加褶量加以补充。由于服装褶裥表现的形式很多，如可以在指定的部位以水平或垂直的形式出现，也可以上下两端或曲线缩褶控制某部位的造型，因此服装褶裥量的多少、缩褶部位及缩褶后控制的尺寸量，是由服装款式造型和面料的特性决定的。褶裥的设计方法通常有两种，下面通过具体实例加以介绍。

1．移褶法

移褶法一般针对直接由省量转化为缩褶量的款式，操作上与转省法相同。但当缩褶量不够时也可以直接加大作为补充，如图 4-16 所示，该款式常用于女式时装衬衫的设计，首先是将腰省全部转移到领口处；其次是在肩、领部设计育克，既起装饰作用又为抽褶工艺制作提供了方便。

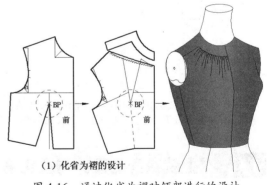

（1）化省为褶的设计

图 4-16　通过化省为褶对领部进行的设计

由于褶赋予服装丰富的造型变化，在礼服、晚装设计中运用的非常普遍，经常采用不对称形式，使其视觉效果更为突出，如图 4-17 所示。

首先通过省道转移将腰省省量全部转移至侧缝，再将侧缝省转化成碎褶。

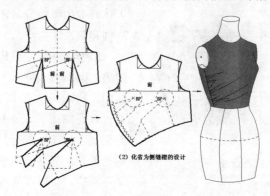

(2) 化省为侧缝褶的设计

图 4-17　通过化省为褶对侧缝进行的设计

2．加褶法

加褶法工艺上的缩褶量不是由省量转化而成的，而是人为在服装造型中加入的，它也是构成服装款式造型的另一重要因素。在设计中加入缩褶量的多少要根据服装款式的缩褶方向和大小来确定，加褶的方法也比较简单，即剪开展开得到最后的样板，如图 4-18 和图 4-19 所示。

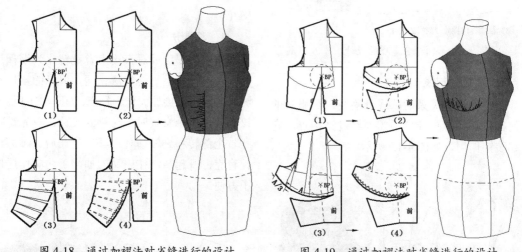

图 4-18　通过加褶法对省缝进行的设计　　　　图 4-19　通过加褶法对省缝进行的设计

技术专题

移褶法和加褶法虽然是两种不同处理褶裥的方法，但在设计抽褶时两种方法可同时运用。加褶法的加褶量通常为：1.短距离加 1/3 最为合适；2.长距离加 1/2 最为合适。

4.3　女上装衣身的设计与变化形式

服装平面构成的方法有两种，一是间接法，主要运用于工业化、批量化成衣生产；二是直接法，主要用于单量单裁、量体定做，而时装设计常采用间接法中原型构成的方法。在日本有文化式、登丽美式、伊东式等原型，欧美有英式和美式原型。由于国外的原型与我国人体体型有一定的差距，因此，国外的原型法不能全盘照搬，我们只能借鉴国外原型的制图方法结合我国人体各部位的准确数据制出符合我国人体体型特征的基本型（基础样板），用我们自己的基本型完成结构设计。根据我国号型标准将成年人体分为Y、A、B、C四种体型，而A型体型的人占了总人口的43%以上，所以我们将A型体型的人叫作"中间体"，在打制样板时只打制男女中间标准体就行了，即男性：170/90A、女性：160/84A，根据生产需要可以通过中间标准体把Y、B、C制出来。下面以女装160/84A基本衣片为例逐步讲解我国成年女性中间标准体合体单件上衣基本型的构成过程。

4.3.1　成品尺寸的确定

1.各部位尺寸的设定

工业化成衣生产以中间标准体作为基本样板，成品尺寸一般取普遍认为合身的一个量，成年女性中间标准体160/84A的胸、腰、臀的净尺寸分别为84cm、66cm、90cm，作为单件上衣成品尺寸的加放以递增方式加放比较科学，递增量通常为2cm，如：胸围84+10、腰围66+12、臀围90+14；领围在颈围的基础上加2~3cm等于颈根围的长度刚好是一个合颈的尺寸；肩宽根据款式变化和流行趋势可取在SP1或SP2处SP1至SP2约等于1.5~2cm；前腰节长取正常的前长长度41cm；时装要求穿着者挺胸、抬头、收腹，所以后腰节比正常背长有所缩短；乳间距根据胸围挡差值放大或缩小。

成品规格尺寸表　　　　　　　号型：160/84A（基本型）　　　　　　　单位（cm）

部位 分类	胸围	腰围	臀围	颈围	肩宽	前长	背长	胸乳高	乳间距	袖长
净尺寸	84	66	90	34	40	41	38	24.5	16.5	50.5
成品尺寸	94	78	104	36	37	41	37.4	24.5	18	54

2.省道量的设定

我国成年女性A型体型臀腰差的净尺寸为6cm，而单件上衣的臀腰差取值为6.5cm，作为亚洲体型A型人体，X造型的单件上衣的腰省量取3cm造型效果最好，其余的省量可以转移到其他部位做造型，另外为了便于打板基本样板的第二个省设计在腋下最合适。

4.3.2　衣身基本型的制图过程

下面简要介绍一款女上装的基本型制图过程。

➤ 号型:160/84A。

➤ 规格尺寸:背长(BAL)=37.4cm；胸围(B)=净胸围+10cm=94cm；肩宽(S)=37cm；领围(N)=36-37cm。

制图步骤：

（1）以前腰节、臀长和胸（成）/2作框架；

（2）从上平线向下"B（净）/6+6.5=20.5cm"画胸围线；

（3）前胸围=B(成)/4；

（4）后胸围=B(成)/4；

（5）前胸宽=B(净)/6+3=17；

（6）后背宽 =B(净)/6+4=18；

（7）前横开领 =N/5-0.3cm=6.9cm；

（8）前直开领 =N/5+0.3cm≈7.6cm；

（9）后横开领 =N/5≈7.1cm；

（10）后直开领作为时装样板一般取 2.5~2.7cm 的定值；

（11）后 SNP 的抬高量作为时装样板取 2~2.5cm；

（12）前肩宽为总肩宽的 1/2，等于 20cm；

（13）后肩宽为总肩宽的 1/2 加 0.5（吃势），等于 20.5cm；

（14）前肩高 =5cm（定值）；

（15）后肩高 =4.5cm（定值）；

（16）胸乳高 =24.5；

（17）乳间距 =18/2=9；

（18）臀长 =18；

（19）前臀围 =H（成）/4；

（20）后臀围 =H（成）/4；

（21）其余线段通过找点连线线划顺，最后标注尺寸完成基础样板绘制，如图 4-20 所示。

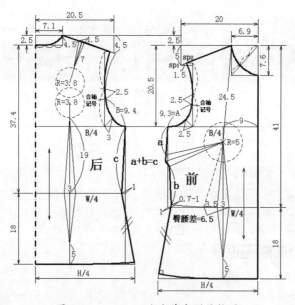

图 4-20　160/84A 上衣基本型结构图

下面提供几款贴体、合体及宽体的衣身规格尺寸及结构设计图，如图 4-21 所示。

1. 贴体衣身的设计

成品规格尺寸表　　　　　号型：160/84A（贴体型）　　　　　单位（cm）

分类＼部位	胸围	腰围	臀围	颈围	肩宽	前长	背长	胸乳高	乳间距	袖长
净尺寸	84	66	90	34	40	41	38	24.5	16.5	50.5
成品尺寸	90	74	100	36	37	41	37.4	24.5	17.4	54

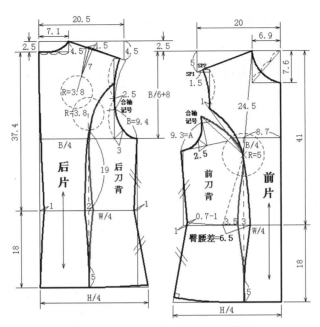

图 4-21　160/84A 上衣贴体型结构图

2. 合体衣身的设计（如图 4-22 所示）

成品规格尺寸表　　　　　　　号型：160/84A（合体型）　　　　　　　单位（cm）

分类 ＼ 部位	胸围	腰围	臀围	颈围	肩宽	前长	背长	胸乳高	乳间距	袖长
净尺寸	84	66	90	34	40	41	38	24.5	16.5	50.5
成品尺寸	94	78	104	37	38-39	41	37.6	24.5	18	54

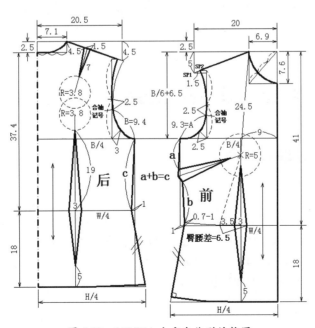

图 4-22　160/84A 上衣合体型结构图

3．宽体衣身的设计（如图 4-23 所示）

成品规格尺寸表 　　　　　　　　号型：160/84A（宽体型）　　　　　　　　单位（cm）

部位 分类	胸围	腰围	臀围	颈围	肩宽	前长	背长	胸乳高	乳间距	袖长
净尺寸	84	66	90	34	40	41	38	24.5	16.5	50.5
成品尺寸	96	80	106	38	40	41	38	24.5	18.6	54

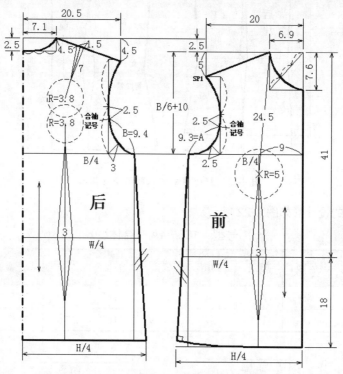

图 4-23　160/84A 上衣宽体型结构图

4.4　女上装衣袖结构设计与变化形式

4.4.1　衣袖的分类和构成原理

1．袖子的分类

现代时装袖子的设计丰富多样，从结构上讲我们通常把袖子分成三种类型，如图 4-24 所示。

➤ 装袖：自身独立，单独安装到衣身上去的袖子，有一片袖和两片袖之分。

➤ 插肩袖：袖子的部分结构和衣身的肩部相连。

➤ 连身袖：整个袖子和衣身相连接。

图 4-24　三种结构风格的袖型设计

2．袖子的结构原理

袖子的设计依托于衣身，是根据衣身的设计与变化得来的。袖子的设计既要考虑它的结构风格，又要考虑它的款式风格，贴体、合体、宽体是袖子的结构风格；而袖管的粗细、大小、长短是袖子的款式风格，二者一定要分清楚。

➤ 袖子纸样的构成要素：由袖长、袖山高、袖窿弧长、袖肥和袖口等组成。

➤ 袖子的结构风格：分为贴体性，合体性，宽体性三种，如图 4-25 所示。

图 4-25　三种结构风格的袖型设计

4.4.2　衣袖基本型的绘制过程

基本型袖子是根据合体的基本型衣身的构架而构成的，基型袖构成后为我们设计不同造型的衣袖有了基本保证，特别是打板经验少的人员以至于不会偏离太远。

以下是基本型袖子的一些注意事项。

➤ AH 值的确定：绘制袖子前必须准确测量出前、后袖窿的弧长，也就是前、后 AH 的长度，再根据不同结构风格的袖型加上准确的工艺制作所要求的吃势量。

➤ 袖山高低的确定：袖山越高袖肥越小袖子的结构越贴体；袖山越底袖肥越大袖子的结构越宽松，如图 4-26 所示。

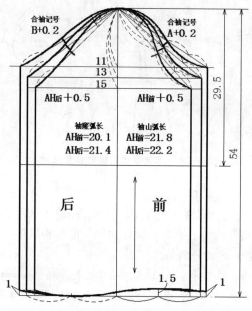

图 4-26　AH 值的确定及袖山高低变化图

技术专题

中间标准体基型袖袖山高的取值范围：①9.5~11.5cm 为宽体风格；②12.5~13.5cm 为合体风格；③14~16cm 为贴体风格。另外还要考虑袖窿的深浅。

➤ 吃势量的确定：根据衣袖的造型风格一般衣袖主要有两种情形，①袖盖肩的造型，吃势量给 2~2.5cm 较为合适；②肩盖袖的造型，吃势量给 1~1.5cm 较为合适。

➤ 绱袖线的设计：在服装结构设计中装袖袖子的绱袖线设计位置主要有两种形式，①设计在 SP2 处，袖山圆润饱满、立体感强，常用于袖盖肩的合体或贴体的时装上；②设计在 SP1 处，肩袖平展、舒缓，常用于肩盖袖的合体或宽体普通服装或休闲类服装上，如图 4-27 和图 4-28 所示。

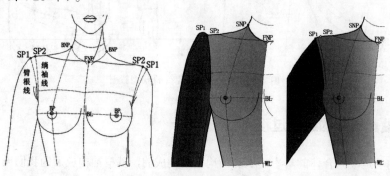

图 4-27　两种绱袖线的设计

图 4-28　成衣袖子的两种造型

下面是某基本型袖子的结构设计图。

➢ 号型 :160/84A。

➢ 规格尺寸 :袖长 =54cm，袖山高 13cm，前袖窿弧长 20.1cm，前袖窿弧长 21.4cm。

结构设计图，如图 4-29 所示。

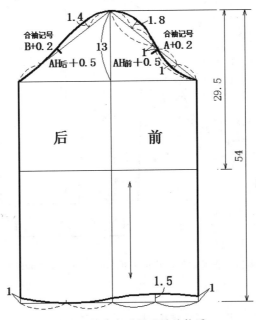

图 4-29　基本型袖子的结构图

4.5 一片袖的结构设计与变化形式

在装袖中一片袖所占的比例最多，大多数不同造型风格的袖子都是一片袖变化而来的，如图4-30所示。

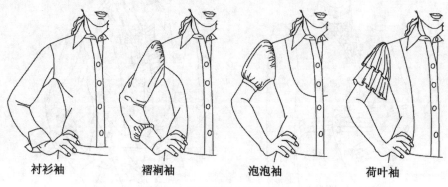

衬衫袖　　　　　褶裥袖　　　　　泡泡袖　　　　　荷叶袖

图4-30　几种常见一片袖的造型图

4.5.1 一片袖款式变化

下面介绍几款袖子的款式变化设计图。

1. 衬衫袖

普通常见一片袖（衬衫袖）的造型图和结构图，如图4-31所示。

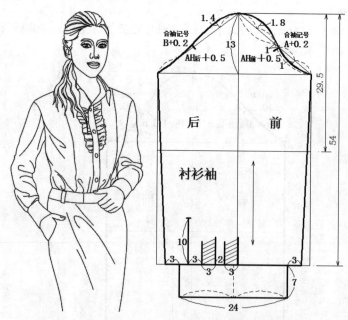

图4-31　普通常见一片袖（衬衫袖）的造型图和结构图

2. 褶裥袖

常见一片袖（褶裥袖）的造型图和结构图，如图4-32所示。

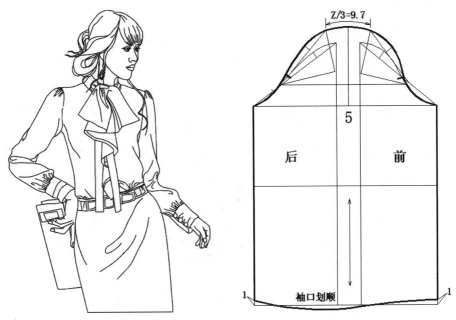

图 4-32　常见一片袖（褶裥袖）的造型图和结构图

3．泡泡袖

常见一片袖（泡泡袖）的造型图和结构图，如图 4-33 所示。

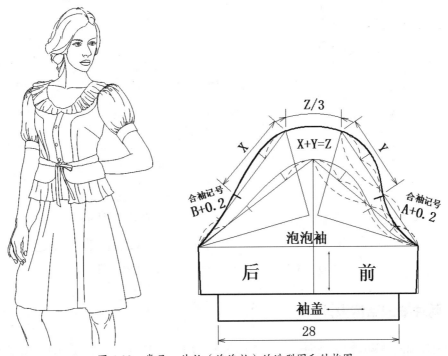

图 4-33　常见一片袖（泡泡袖）的造型图和结构图

4．垂褶袖

常见一片袖（垂褶袖）的造型图和结构图，如图 4-34 所示。

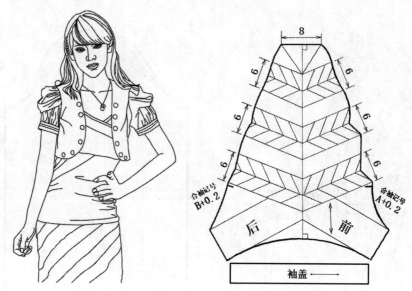

图 4-34　常见一片袖（垂褶袖）的造型图和结构图

5. 波浪袖

常见一片袖（波浪袖）的造型图和结构图，如图 4-35 所示。

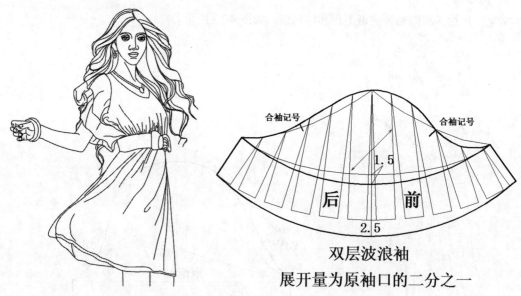

图 4-35　常见一片袖（波浪袖）的造型图和结构图

4.5.2　两片袖的结构设计

由于两片袖的结构比较复杂而要求又较为严谨，所以造型相对一片袖要少些。常用于有较高肩部造型要求的服装，如传统西装和时装化的西装等。由于要完全服贴手臂前倾动态，所以袖管必须设计呈弧形状，要满足袖管呈前倾弧形状只有将袖子结构设计为两片，即一大一小。

常见两片袖（大小袖）的造型图和结构图，如图 4-36 所示。

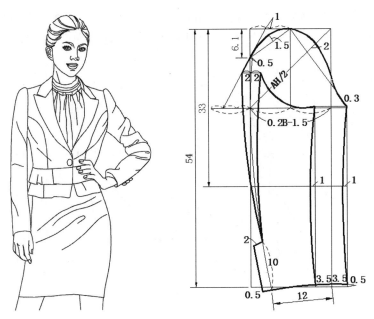

图 4-36　常见两片袖（大小袖）的造型图和结构图

1. 身袖搭配的方法与变化

在装袖设计中正常情况下同一种结构风格的衣身要配搭同一种风格的袖子。也就是说贴体的衣身配贴体的袖子；宽松的衣身配宽松的袖子。

袖子贴体与宽体指的是袖子距离身体的远近，离身体越近越贴体；离身体越远越宽松。袖管的大小是款式风格，它根据面料特性及流行趋势变化而变化。

不同的袖山斜线倾角来确定袖身类型，以成年女性中间标准体 160/84A 基础样板为例，当在衣身的肩端点（SP）处做一条水平线时，这时它与袖窿弧线的夹角约呈 100°，如图 4-37 所示。

图 4-37　袖子和衣身的结构关系图

袖中心线与肩端点（SP）水平线的夹角贴身型为55°~60°，合身型为45°~50°，宽松型为35°~40°。袖山越深则袖肥越小袖子越贴体，袖山越低则袖肥越大袖子越宽松，如图4-38所示。

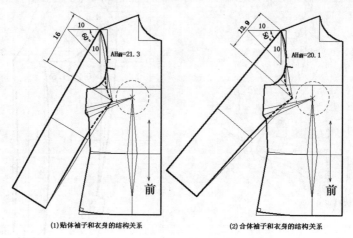

（1）贴体袖子和衣身的结构关系　　　（2）合体袖子和衣身的结构关系

图4-38　两种结构风格袖子的结构图

<h2>4.6　女上装衣领的结构设计与变化形式</h2>

女装一般由三大部件组成，即衣身、衣袖、裙或裤，衣领虽然属于服饰配件，但在整件上衣中最耀眼、最醒目，所以衣领的设计是设计者重点设计的项目之一。

4.6.1　衣领的分类

衣领的设计有丰富多样的变化，根据不同的款式和结构大致分为四大类。

1. 无领的领

设计时只针对领窝弧线进行结构上的调整，线条简洁大方，主要有三种造型。

➤ V形造型：适合脸圆脖子短的人；
➤ 方形造型：适合脸小脖子长的人；
➤ 圆形造型：适合任何脸型的人，如图4-39所示。

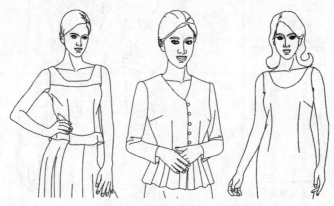

图4-39　三种无领的造型风格

2．立领

立领也称"竖领"，最基本的领子。立领从结构上讲一般分为三种结构风格的造型。

➤ 宽颈型：宽敞舒适、活动自如；
➤ 合颈型：对颈部围裹适度、造型能力较强，在不同的服装上运用得最广泛；
➤ 贴颈型：对颈部围裹严密、舒适度较差，一些特殊的服装上才采用，如图 4-40 所示。

图 4-40 三种立领的造型风格

3．平领

一般指的是无领座或领座很低平铺在肩部的领型，如图 4-41 所示。

图 4-41 三种平领的造型风格

4．翻领

在立领上加上外翻的主领（翻领），使衣领变成两部分的组合，即立领变成领座，外翻部位变成主领。从结构上讲翻领同样有三种构成形式，不同的构成形式有不同的叫法。

➤ 单独立领加上主领的翻领通常叫"衬衫领"，因为衬衫中用的最多，如图 4-42 所示；
➤ 自带领座的翻领通常叫"翻折领"，常用于 T 恤、夹克、大衣及休闲类的服装中；

图 4-42 三种衬衫领的造型风格

> 自带领座再加上驳头的翻领通常叫"翻驳领",主要用于西装上,所以也叫"西装领",如图 4-43 所示。

图 4-43 三种翻驳领的造型风格

4.6.2 衣领的结构原理

衣领是服装最重要的配件之一,它的结构也比较复杂,由于人体颈部是一个不规则的圆台,要设计好衣领首先得熟悉整个颈部的表面特征,掌握衣领和颈部的结构关系,同时还掌握每种领型的构成方法及变化形式。

> 衣领纸样的构成要素:①绱领线设计,主要是指衣身上绱领线的形状和准确的尺寸;②衣领上领底线的设计;③领座高低的设计;④主领宽窄的设计;⑤外止口线的设计等。
> 衣领的结构风格:和衣身、衣袖一样衣领的结构风格同样有三种基本的结构风格,即宽颈、合颈、贴颈形式。

下面根据不同造型风格的衣领进行结构方面的详细介绍。

4.6.3　立领的结构设计与变化形式

1．宽颈型立领的构成

宽颈立领的结构图，如图 4-44 所示。

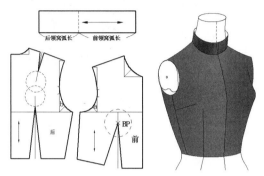

图 4-44　宽颈立领的结构图

2．合颈型立领的构成

合颈立领的结构图，如图 4-45 所示。

图 4-45　合颈立领的结构图

3．贴颈型立领的构成

贴颈立领的结构图，如图 4-46 所示。

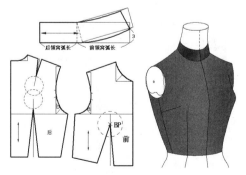

图 4-46　贴颈立领的结构图

4.6.4　衬衫领的结构设计与变化形式

常见的衬衫领的结构设计图，如图 4-47 所示。

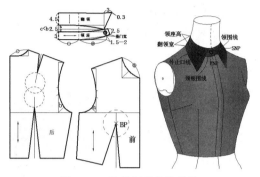

图 4-47　衬衫领的结构设计

1．西装衬衫领的构成

西装衬衫的结构图，如图 4-48 所示。

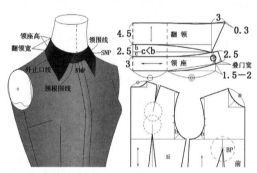

图 4-48　西装衬衫的结构图

2．休闲衬衫领的构成

休闲衬衫的结构图，如图 4-49 所示。

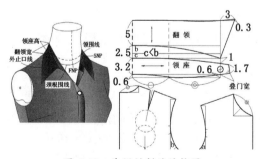

图 4-49　休闲衬衫的结构图

4.6.5 翻领的结构设计与变化形式

下面介绍流行款式服装的翻领结构与变化形式。

1. 翻折领的构成

翻折领的结构图，如图 4-50 所示。

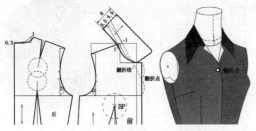

图 4-50 翻折领的结构图

2. 翻驳领的构成

翻驳领的结构图，如图 4-51 所示。

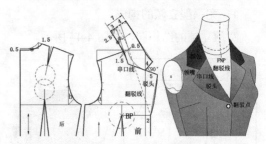

图 4-51 翻驳领的结构图

4.7 核心进阶案例——女上装衣身结构设计

女装的设计重点在于衣身，本案例将利用 AutoCAD 强大的平台以女上装衣身的结构设计作为实例，详细讲解上装衣身基本型样板的绘制方法与步骤。

下面通过 AutoCAD 打制成年女性上装衣身，逐步了解上装衣身基本型的构成和图形软件的一些基本操作要领。本案例分 3 个步骤来完成：创建成品规格尺寸表、绘制衣身图形和尺寸标注。

创建成品规格尺寸表如下：

成品规格尺寸表　　　　　　　号型：160/84A（基本型）　　　　　　　单位（cm）

部位 分类	胸围	腰围	臀围	颈围	肩宽	前长	背长	胸乳高	乳间距	袖长
净尺寸	84	66	90	34	40	41	38	24.5	16.5	50.5
成品尺寸	94	78	104	36	37	41	37.4	24.5	18	54

操作步骤：

01 在【绘图】工具条中单击【矩形】按钮▢，然后在图形区绘制出长为 B/4=23.5cm，宽为前长 =41cm 的矩形框架，绘制袖窿深线（合体型衣身的袖窿深为 B/6+6.5=20.5cm）。在命令行输入 O（偏移命令）并按 Enter 键执行，或单击【偏移】按钮▨，然后在图形区中以水平直线作为偏移的参考对象，创建出偏移距离为 20.5cm 的直线（即辅助线），如图 4-52 所示。

02 利用【直线】命令绘制前胸宽线为 B/6+3=17cm；绘制 1/2 总肩宽为 20cm；绘制前横开领为 2N/10-0.3=6.9cm，前直开领为 2N/10+0.3=7.5cm；绘制前肩高为 5cm，由此得到 3 个重要的结构点（SNP、SP 和 FNP），如图 4-53 所示。

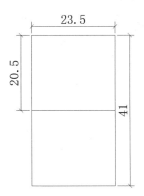

图 4-52　绘制前衣身框架

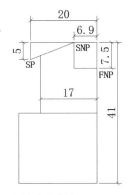

图 4-53　绘制前胸宽线、SNP、SP 和 FNP

03 绘制胸乳点（BP）和中枢圆：①找到横向距离在前胸宽线的 1/2 处，打开正交▣模式以袖窿深线为起始点到前腰节线做垂线，此垂线即为胸腰省的中心线；②以 SNP 为起始点关闭正交▣模式，打开对象捕捉在胸腰省的中心线上捕捉最近点▣，输入乳高距为 24.5cm 得到交点，此点就是我们要的胸乳点（BP）；③以 BP 为圆心用圆命令◉绘制 R=5cm 的圆作为中枢圆，如图 4-54 所示。

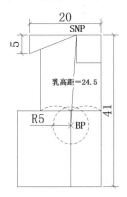

图 4-54　绘制 BP 和中枢圆

技术专题

中枢圆的确定：欧美时装非常注重胸部造型及腰臀的曲线，在美式原型和英式原型中通常都会先确定胸部中枢圆的大小，通过确定中枢圆的大小就能准确地设计时装的内部结构线。我们知道人体隆起部位唯一有点的就是胸乳点（BP），而其他隆起部位，如肩胛骨、肋骨、肘部，以及臀部等处都是面。亚洲成年女性胸乳半径的平均值为 5cm，所以中枢圆的半径设为 5cm 最合适，由此可以得出围绕 BP 所设计的省尖离中枢圆的距离不会小于 2.5cm，松量越小省尖离中枢圆心越近。其他部位的中枢圆半径为 3.8cm，其省尖距离中枢圆心 3.8cm 较为合适。

在女装设计中胸部造型是先确定中枢圆，其后再围绕中枢圆心设计省道线，再进行省道变化。其他部位的造型是先设计好省道线，再找与其相对应的中枢圆，再将省尖移到中枢圆心上去做省道变化。

04 绘制前领窝弧线和前袖窿弧线：①先画出横开领和直开领的对角线，通过【绘图】菜单中的【（点）定数等分】命令将对角线三等分，用【圆弧】命令⤵以 SNP 为起始点，捕捉对角线上三等分节点处，再捕捉 FNP 按 Enter 键完成前领窝的绘制；②绘制前胸宽线和袖窿深线的角平分线，取 2.5cm 长为前袖窿的凹点，再将前胸宽线两等分作为前袖窿弧线的切点，利用【多段线】命令⤴以 SP 作为起始点绘制好前袖窿弧线，如图 4-55 所示。

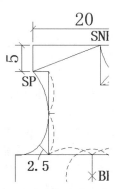

图 4-55　绘制前领窝弧线和前袖窿弧线

05 绘制前腰节线和下摆：①从前腰节处起延伸前中心线 18cm 为中间标准体的腰长（臀长），再用【直线】命令✏水平向侧缝绘制 H/4=26cm 得到臀围线，用【延伸】命令⤏将省中心线延伸至臀围线上。前衣片成品胸腰差为 4cm，侧缝内收 1cm，起翘 0.7~1cm，用【圆弧】命令绘制出正常的前腰节线，连接腰侧点和臀侧点完成下摆的绘制，如图4-56所示。

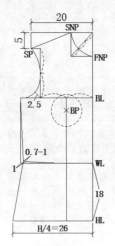

图 4-56　绘制 BP 和中枢圆

06 绘制胸、腰省：①根据亚洲人体 A 型体型的成年女性单件上衣的结构设计原理，胸腰省设定为 3cm 造型效果最好，所以先在腰部设计一个 3cm 的省，其作用是对 X 型结构服装胸腰部最好的造型；②三维空间的人体除了纵向起弧的关系外，还有横向起弧的关系，要包裹好胸部单——个纵向的省达不到完美的效果，再设计一个横向省就能对胸部进行较好的造型了，其横省的省量单件上衣可以用成衣的臀腰差来确定，160 /84A 基本型单件上衣的臀腰差为 6.5cm，胸腰省设定为 3cm，余下 3.5cm（负省）的量就可以通过省道转移的方法转移至侧缝、腋下、袖窿及肩部等处，做进一步结构方面的设计；③由于 Y 型、A 型体型的人臀腰差较大，所以 Y 型、A 型的腰省省尖设计到中臀线上下摆才服贴，其省的长度为 9+3.8cm≈13cm，也就是臀围线上移 5cm 处；④下摆侧缝由于是斜纱所以长度要等于或小于前中缝，小于的量要看面料的让性，如图4-57所示。

07 绘制横省（腋下省）：①根据前面所掌握的知识，AutoCAD 采用量取角度法既准确又快捷，首先通过【标注】工具条中的【角度】△标注测量出 3.5cm 负省的角度为 12°，在侧缝线上找一个低于 BP 的点（7cm）连直线到中枢圆心，如图4-58所示；②使用【修改】工具条中的【旋转】○工具将画好的辅助线旋

转 12°，完成横省的绘制，如图4-59所示。

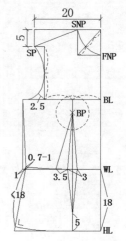

图 4-57　绘制 BP 和中枢圆

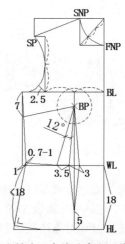

图 4-58　绘制腋下省辅助线和测量负省角度

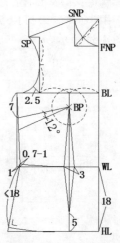

图 4-59　通过转移省道将负省移到腋下

08 绘制门襟、补正腋下省、调整 SP 及袖窿弧线、设定线型线宽，进一步完善标注：①门襟（叠门）通常设定为 2cm；②腋下省通过取长补短的方式补正省边及省尾，如图 4-60 所示；③根据肩袖的结构设计风格，SP 要做调整，其调整方式是根据时装的流行趋势进行的，也就是设计于 SP1 上还是 SP2 上，所设计的服装是袖盖肩的，还是肩盖袖的；④SP 调整后袖窿弧线随之发生变化，肩凸也随之发生变化，而肩斜线的斜度始终不会改变；⑤前片的外部结构线和内部结构线绘制完成后，必须规范进行线宽线型的设定，规范标注，如纱向等，并将胸部的省尖移至相应的位置，即距离中枢圆心不小于 2.5cm 处，如图 4-61 所示。

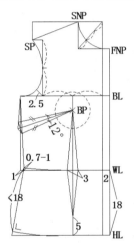

图 4-60　绘制门襟（叠门）、补正腋下省

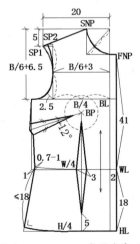

图 4-61　设定 SP1、SP2、线型线宽及规范标注

09 绘制后片基本框架：①首先确定后胸围 B/4=23.5cm，后 SNP 的抬高量设定为 2~2.5cm，取值 2cm；②绘制后肩宽为 1/2 总肩宽加 0.5cm 等于 20.5cm；③确定后背宽为 B/6+4.5=18.5cm，取值 18cm；④确定后领口宽为 2N/10=7.2cm，后领口深为 2.5~2.7cm；⑤确定后肩高为 4.5cm，如图 4-62 所示。

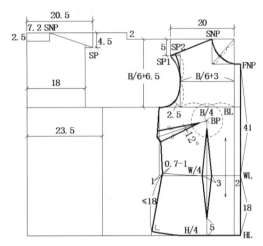

图 4-62　通过前衣身绘制后衣身基本框架

技术专题

后背宽、后 SNP、后肩宽、后领口深、后肩高等的取值一定要根据女式上装结构设计原理合理设置尺寸，取值不合理会导致服装难以服贴人体。①通过计算公式计算出后背宽大于前胸宽 1.5cm 是整个成年女性服装的泛指，而成衣时装的结构设计一般是以 18~24 岁年龄段体型的人作为设计对象的，这个年龄段体型的女性后背宽最多不会大于前胸宽 1cm；②前后片平面纸样展开后成年女性的后 SNP 要比前 SNP 高 1~3cm，18~24 岁年龄段体型的成衣时装的结构设计一般取 2~2.5cm 最合适；③由于人体肩部的结构关系后肩宽大于前肩宽，所以后肩宽的取值必须加上一定的吃势量，从薄面料到厚面料一般吃势量取为 0.3~0.7cm 较为合适；④后领口深为后 SNP 至 BNP 的垂直距离，正常成年女性为 2.5~2.7cm；⑤由于人体结构关系，后肩高普遍小于前肩高 0.5cm。只有充分认识、理解人体结构关系，才能设计出更加服贴人体的时装样板。

10 绘制后片外部结构点和内部结构点：①通过【绘图】菜单中的【（点）里的定数等分】命令，将后领口宽三等分；②绘制后肩斜线，首先准确测量出前肩斜线的长度，在前肩斜线长度上加上一定的吃势量就等于后肩斜线的长度：薄面料取 0.3cm、普通型面料取 0.5cm、中厚型面料取 0.7cm 较为合适；③绘制后肩省的结构点，以 SNP 为起始点延肩斜线朝 SP 方向移动4~4.5cm 找到第一个省尾，中间标准体肩省大小设计为 1.5cm 较为合适，长度为 7~9cm，省尖方向直指肩胛骨的中枢圆心，如图 4-63 所示；④绘制后袖窿弧线的结构点，首先找到新的后肩凸点，以新的后肩凸点至袖窿深线的 1/2 处为袖窿弧线的切点，将后背宽线和袖窿深线的夹角平分，然后取 3cm 平分线为后袖窿的凹点；⑤绘制后片侧缝辅助线及后腰节线，首先准确测量出前侧缝的尺寸为 A+B=16.7cm，后衣片侧缝的长度为 C= A+B=16.7cm，后衣片成品胸腰差同样为 4cm，侧缝内收 1cm；⑥绘制后背省的结构点，在后背宽的 1/2 处找到省中心线，从腰围线往上画长为 19cm 的垂线即为后背省的长度，再延伸 3.8cm 为后背省的中枢圆心，同样省的大小为 3cm，如图 4-64 所示。

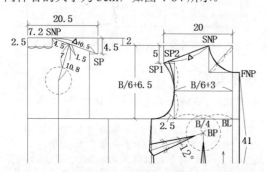

图 4-63　绘制后片外部结构点和内部结构点

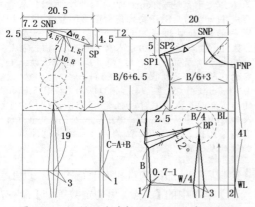

图 4-64　绘制后片外部结构点和内部结构点

11 绘制后片外部轮廓线和内部结构线：①绘制后领窝弧线，利用【多段线】工具 以 BNP 为起始点，后横开领前 1/3 处画直线，后 2/3 处画弧线，连接后 SNP 完成后领窝弧线；②绘制后袖窿弧线，同样利用【多段线】工具 以后 SP 为起始点，捕捉后背宽线的中点作为切点，捕捉后袖窿凹点，捕捉后袖窿深线的外测点作为终止点，绘制完后袖窿弧线；③依据前衣片下摆的画法完成后衣片下摆的制图，再将后腰节做适当调节，规范标注完成后衣身的结构图，如图 4-65 所示。

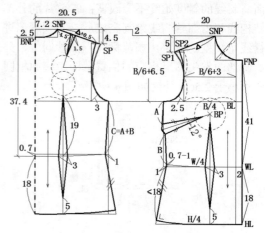

图 4-65　通过前衣身绘制后衣身的结构线，即最后完成图

技术专题

①后衣片的结构完全依据前衣片的结构来绘制；②后肩省在大多数合体的时装设计中直接省去不要，而在一些相对贴体的服装中才设计后肩省，往往还要一做些转移省的变化，如，将肩省转移至后领口的设计或化省为育克等；③后腰节的调节，要根据人体体型来进行，一般情况下背越平，胸就越，挺后腰节就越短，这种情况下后腰节在后中心线处就不必下降，画直线就可以了，如图 4-66 所示。

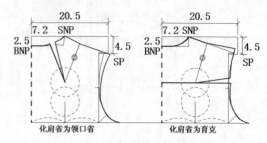

图 4-66　后肩省的两种变化形式

4.8　核心进阶案例——女上装衣袖结构设计

本节核心进阶案例以 AutoCAD 2016 软件为主，用衣袖中造型效果最好，结构相对复杂的大小袖（西装袖）和变化相对多样与衣身紧密结合的插肩袖作为典型衣袖案例，通过 AutoCAD 更进一步、更加详细地去解析衣袖的构成原理，让读者去领略计算机辅助服装设计真正的魅力。

手工打板费工费时，准确度也低，特别是大小袖曲线多而复杂，用手工绘制、测量误差较大，如果用计算机来完成误差就会很小，现代高级成衣设计要求时间短、效率高，各部位尺寸必须精确，所以计算机辅助服装设计才是服装行业未来的发展方向。

4.8.1　西装袖的结构设计

操作步骤：

01 首先通过 AutoCAD 特性命令准确测量出前袖窿弧线和后袖窿弧线的长度，以前面贴体的衣身为例，测得 AH 前 =21.3cm，AH 后 =22.7cm，袖肥为 2B/10-2=16cm，袖长取 56cm，袖口为 12cm，袖肘线为袖长 /2+5=33cm，然后通过【矩形】▭ 工具绘制一个长 16cm、宽 56cm 的矩形，利用【偏移】⬚ 工具绘制袖山，高约为 15cm，袖肘线为 33cm，如图 4-67 所示。

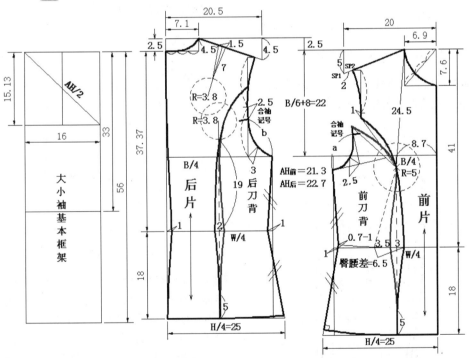

图 4-67　大小袖的绘图步骤 -1

02 将袖肥两等分，取一等分距离向袖外侧缝延伸，延伸线再三等分，从 1/3 处连线至上平线 1/4 偏外侧 1cm 点上，再从外侧缝交点连直线至袖肥 1/2 结构点，即袖山顶点上，通过【偏移】命令以内侧缝中心线的辅助线为基线左右各偏移 3cm 作为大袖、小袖内侧缝的辅助线，并从袖肥线处抬高 0.3~0.5cm，连接袖山顶点，找到外侧缝中心线的辅助线，找到大袖、小袖外侧缝的起始点，完成袖山处的基本骨架，如图 4-68 所示。

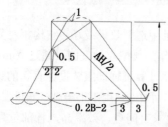

图 4-68 大小袖的绘图步骤 -2

03 绘制袖山弧线、袖口线和袖衩。首先找准大袖袖山前后最凸点，通过【多段线】命令依次捕捉结构点，完成大袖、小袖袖山弧线的绘制，线条要饱满、圆润；绘制袖口线和袖衩，如图 4-69 所示。

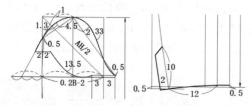

图 4-69 大小袖的绘图步骤 -3

04 绘制大小袖的内缝线和外缝线，最后复尺、规范标注，完成两片袖结构图，如图 4-70 所示。

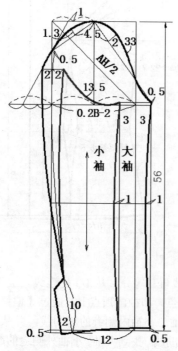

图 4-70 大小袖的绘图步骤 -4

技术专题

在设计贴身大小袖（西服袖）时有三个方面必须注意：①袖窿深的确定，由于贴近身体，为了穿脱方便，与大小袖配套衣身的袖窿深相对合体衣身的袖窿深要深2cm左右；②袖山高和袖肥之间的关系，袖山越高袖肥越小越贴体，在女装设计中依据流行趋势不同年龄段袖肥与袖山高的取值有所不同，18~24岁年龄段Y、A体型袖肥大于袖山高1~1.5cm较合适，25~35岁年龄段B、C体型袖肥大于袖山高1.5~2cm较合适，所以袖肥计算公式为2B/10－X（X在1~3cm之间）；③吃势量的确定，袖盖肩的大小袖袖山弧线大于袖窿弧线2~2.5cm最合适。

4.8.2 插肩袖的结构设计

插肩袖就是将衣身肩部的一部分借给袖子，是衣片肩部和袖子连成完整结构的袖型。常见的插肩袖有三种结构形式：全插肩袖、半插肩袖、带育克的插肩袖，如图 4-71 所示。

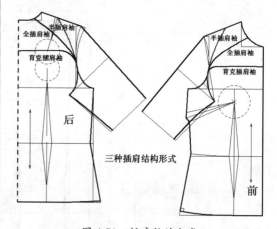

图 4-71 插肩袖的分类

01 绘制前衣片和前衣袖：以 160/84A 中间标准体合体插肩袖为例，首先测量出前 AH 值，以 SP 为起始点画出倾角为 100° 的斜线，长度等于前 AH。依次绘制出袖中心线，合体袖中心线夹角取 45°~50°。在前合袖记号处找到切点，将前袖窿弧线绘制好，以前袖窿弧线端点连接袖中线的垂线，即绘制好前袖肥，如图 4-72 所示。

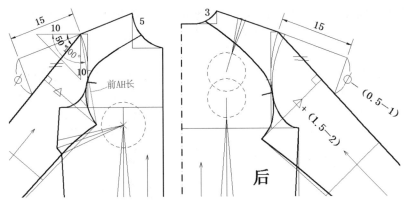

图 4-72　插肩袖的绘图步骤 -1

02 绘制后衣片和后衣袖：前衣片和前衣袖绘制好了，后衣片和后衣袖就很容易绘制了。依次完成各部位的结构线，最后规范标注，完成插肩袖的结构设计图，如图 4-73 所示。

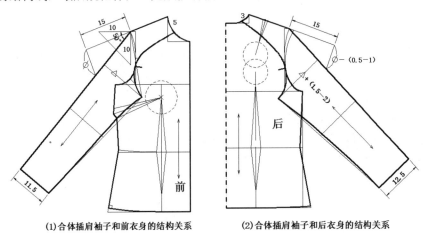

(1)合体插肩袖子和前衣身的结构关系　　　　(2)合体插肩袖子和后衣身的结构关系

图 4-73　肩袖的绘图步骤 -2

技术专题

在设计插肩袖时的注意事项：①必须准确测量出前袖窿弧长，根据不同体型确定AH的倾角——Y体型的倾角为105°、A体型的倾角为100°、B体型的倾角为95°、C体型的倾角为90°；②后袖完全根据前袖的结构而设计，以此才能匹配。

4.9　核心进阶案例——女上装翻驳领结构设计

翻驳领又称"西装领"是自带领座由衣身一部分作为驳头和翻领共同构成的领型。翻驳点的位置、驳头的大小、串口线的高低、翻领的大小等都是翻驳领结构设计的要素。

操作步骤：

01 绘制前衣片和衣领：以 160/84A 中间标准体合体衣身的基型板为例，首先设定横开领的大小。由于翻驳领外套内一般配有衬衫或高领毛衣等，所以翻驳领外套的 SNP 要做调整，使横开领加宽，以便让出衬衫或高领毛衣的领，加宽量一般为 1~2cm，注意要在肩斜线上加宽，前 SNP 在肩斜线上向外侧移了 1.5cm，翻驳领在肩颈点处的领座通常为 2~2.5cm，在上平线上往内取 0.5cm 加上 1.5cm 就是翻驳领在肩颈点处的领座宽。其次找到止口线上的翻驳点连线形成翻驳线，如图 4-74 所示。

02 绘制后衣片和后衣领弧线：在前肩斜线上横开领加宽了 1.5cm，后横开领也同样加宽 1.5cm，BNP 下降 0.5cm，使后直开领相应加深。注意：根据人体颈部前后结构不同的变化规律，后横开领和后直开领加宽、加深也有其变化规律，一般为后横开领加宽 1cm，后直开领加深 0.3cm；后横开领加宽 1.5cm，后直开领加深 0.5cm；后横开领加宽 2cm，后直开领加深 0.7cm，如图 4-75 所示。

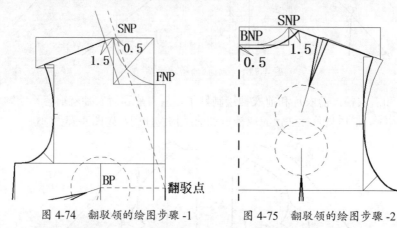

图 4-74　翻驳领的绘图步骤 -1　　　　图 4-75　翻驳领的绘图步骤 -2

03 绘制翻领：准确测量新的后领窝弧长，以 ◎ 符号表示。在新的前 SNP 上水平绘制后领窝的长度 ◎，根据人体肩颈处的结构关系，正常人体合适的领向后倒的量为 2.5~3cm，也就是 15°~18°，后领座宽 3cm，后翻领宽 4cm，绘制串口线高 5cm，领嘴 <90°，绘制驳头完成翻领的结构图，如图 4-76 所示。

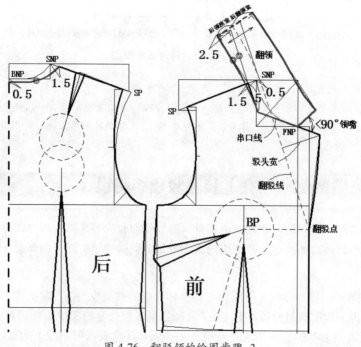

图 4-76　翻驳领的绘图步骤 -3

4.10　本章小结

本章主要为理论和实践相结合的教学，是要重点掌握的内容。

1. 课程讲解三大结构线在女式上装上的运用，讲解如何运用原型模板进行结构线的设计与变化，要求读者熟练掌握三大结构线的原理与运用方法，并根据不同的设计风格运用不同的结构线来完成平面结构制图。

2. 本章重点是借鉴文化式原型、美式原型、英式原型的制图方法，绘制出适合我国人体的基本型。此基本型为三种结构风格的衣身，必须要求读者理解透彻并熟练掌握，熟练掌握了三种基本型衣身的结构原理和构成方法，在成衣结构设计中即使没有多少实践经验的初学者，在打板过程中也会很快上手，不至于茫然无措。

3. 主要讲解一片袖的分类及常见的几种变化，重点讲解一片袖的制图原理及配搭方法，要求读者熟练地将不同风格的一片袖合理的配搭到衣身上，完成身袖配搭的最佳效果。

4. 主要讲解领子的分类及常见的几种变化，重点讲解领子的制图原理及配搭方法，要求读者熟练将不同风格的领子合理地配搭到衣身上，得到身、领、袖的配搭最佳效果。

第 5 章 时装上衣结构设计

本章导读

上一章运用大量篇幅系统、详细地讲解了女式上装结构设计原理，运用 AutoCAD 2016 软件将女式上装的衣身、衣领、衣袖构成原理，以及变化方式做了系统讲解。本章继续利用 AutoCAD 2016 软件以女式时装衬衫、时装外套为例，将结构设计原理带入成衣设计领域，让读者慢慢开始掌握基本型在实际成衣结构设计中的应用。

在本章中，我们将重点学习间接法中，基本型在服装结构设计方面的实际应用技术与知识要点，希望读者能够继续熟悉并掌握间接法中基本型构成原理及变化形式。下面通过 AutoCAD 就女式衬衣的打板知识进行详细介绍。

本章知识点

◆ 女式衬衣结构制图与样板　　　　　◆ 女式时装外套的基本型
◆ 女式时装衬衣的基本型　　　　　　◆ 女式时装外套的变化形式
◆ 女式时装衬衣的变化形式

5.1 女式衬衣结构制图与样板

在现代时装中女式衬衣的变化越来越丰富，任何行业、任何阶层的女式衬衣都向时装化方面发展，款式变化多样、结构复杂，而且一些贴体、修身 X 造型款式的衬衫更加注重板型。所以对于结构设计师（打板师）的基本素质要求越来越高，既要了解人体的基本结构，又要熟悉人体的表面特征；既要有快速、准确的打制样板能力，还要有强烈的变化意识，唯一的办法就是通过计算机来完成手工无法完成的工作。

5.1.1 女式衬衣款式设计和结构制图原理

在工业化批量化成衣的设计中，利用基本型进行款式设计和结构设计是最方便、快捷的，加上 CAD/CAM 的运用大大提高了设计师的工作效率，设计师有了更多的时间进行款式设计和结构设计。

1. 时装衬衣的款式设计

通过计算机绘图软件绘制好效果图和款式图。

现代时装衬衫款式变化多样，合体的收身裁剪简洁但不单调，注重了各个环节，如重量、手感、结构、亮度和反光性。蝴蝶结、荷叶边等诸多设计元素加上印花、精美刺绣，倍增女性的柔美感。

现代时装衬衣的色彩丰富，有不同亮度对比度的灰色、浪漫的淡色色系、经典幽雅的颜色、活泼跳跃的流行色或图案,生机勃勃非常富有现代感和年轻气息,颜色尽可能地贴近自然,有淡到看不出来的浅色、新颖的白色,以及岩石色等。

现代时装衬衣的面料多数赋有丝一般的光泽,同时手感细腻、光滑,款式上前胸夸张的不对称荷叶边装饰风格,奢华尽显;面料不易折皱,且富有光泽,修饰身材曲线的剪裁受到女性青睐。搭配黑色短裙或长裤,提升自身气质,受到年轻人青睐;面料拥有高贵气质为现代人增添魅力色彩,如图 5-1 和图 5-2 所示。

图 5-1 时装衬衫效果图

图 5-2 时装衬衫款式图

2. 时装衬衣的结构制图原理

衬衣的结构制图方法很多，但对于工业化、批量化生产的成衣来说，利用基本型制图的方法更准确、更快捷，加上计算机的辅助设计，将大大提高工作效率。

传统的打板方式多采用直接法打板，对于不同的款式都要重新计算成品尺寸，这些数值主要依靠多年积累的经验或靠背公式，但其缺少变化，特别对于经验欠缺的新手，看到效果图或款式图往往一片茫然而无从下手。实际上更多地去了解人体结构、熟悉人体表面特征，根据基本型的构成原理就会快速、准确地打制出样板来，特别针对最难解决，也最容易出问题的侧缝和下摆的结构，基本型会很容易地把它解决，大大降低了出错率。

5.1.2 基本型在款式变化和结构设计中的运用

下面逐步介绍基本型结构制图原理及其在款式变化和结构设计中的运用方法。

01 利用 AutoCAD 表格工具建立成品规格尺寸表。

成品规格尺寸表　　　　　　　　号型：160/84A（基本型）　　　　　　　　单位（cm）

部位分类	胸围	腰围	臀围	颈围	总肩宽	前长	背长	胸乳高	乳间距	袖长
净尺寸	84	66	90	34	40	41	38	24.5	16.5	50.5
成品尺寸	94	78	104	36	37	41	37.4	24.5	18	54

02 在计算机中调用女式上衣 160/84A 的基本型，如图 5-3 所示。

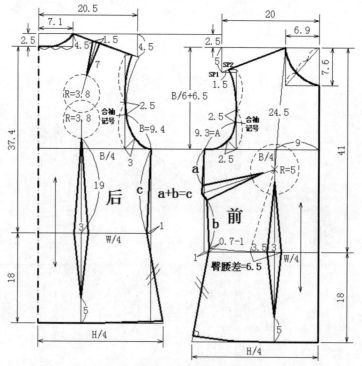

图 5-3　合体基本型结构图

03 根据基本型按照时尚流行趋势重新设定时装衬衫的成品尺寸。

成品规格尺寸表　　　　号型：160/84A（时装衬衫）　　　　　　单位（cm）

分类＼部位	胸围	腰围	臀围	领围	肩宽	前长	背长	胸乳高	乳间距	袖长
净尺寸	84	66	90	34	40	41	38	24.5	16.5	50.5
基本型尺寸	94	78	104	36	37	41	37.4	24.5	18	54
时装衬衫尺寸	90	74	100	36	36	41	37.4	24.5	17.4	56

范例——利用基本型进行衬衫基本型的结构设计

01 启动 AutoCAD 应用程序，单击【打开】按钮 📂，打开"合体单件上衣基本型 .dwg"文件，利用图层特性管理器 🖳 的【开关图层】命令，将标注图层关闭，得到我们所需要的（基本型）框架结构图，如图 5-4 所示。

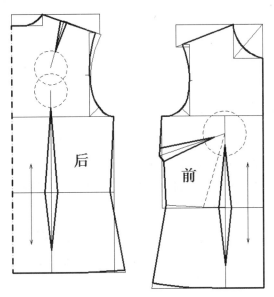

图 5-4　合体基本型框架结构图

02 将所有线段改为细实线，再进行结构调整。①首先绘制 1.5cm 的叠门；②确定较贴体时装衬衫成品的胸围比基型板小一个挡差值（按照规格系列算胸围挡差值 =4cm），即 B/4=22.5cm，绘制时直接在基型板侧缝点上利用【偏移】命令 📑 往前中心线偏移 1cm 即可；③绘制前胸宽线，利用【偏移】命令 📑 往前中心线偏移 0.6cm 即可；④绘制 SP2，在原 SP1 上往里移动 2cm 即可；⑤绘制新的前肩凸（根据流行趋势，前肩凸小于 2cm 最合适），接着找到袖窿弧线在前胸宽线上的切点，重新绘制袖窿凹点，在新胸宽线和袖窿深的角平分线 2.5cm 处；⑥利用【多段线】命令 ↩ 绘制出新的袖窿弧线；⑦BP 向前中心线偏移 0.5 个挡差值 =0.3cm，胸省、腰省随之跟着移动 03.cm，绘制好新的中枢圆和省道；⑧腰围、臀围向前中心线偏移 1 个挡差值 =1cm，绘制好新的前腰围、前臀围和下摆，如图 5-5 所示。

技术专题

根据样板缩放原理，胸围（型）缩小或放大以之相对应部位也要放大或缩小，缩放量根据各部位的规格挡差值确定，按照规格系列挡差值计算，单件上衣胸围挡差值=4cm，前胸宽挡差值=0.6cm，乳间距挡差值=0.6cm，总肩宽挡差值=1.2cm，腰围挡差值=4cm，臀围挡差值=4cm。

03 前片绘制好后，后片相对容易，①首先从肩斜线开始绘制，准确测量出前肩斜线的长度，在前肩斜线长度基础上加上 0.3cm 的吃势量，即等于后肩斜线的长度；②绘制后背宽，时装衬衣后背宽在前胸宽基础上加上 1cm 较为合适，所以准确测量出前胸宽后就能快速绘制出后背宽；③按照前片的相同方式快速、准确地绘制好后背省、后腰围、后臀围，即后下摆，如图 5-6 所示。

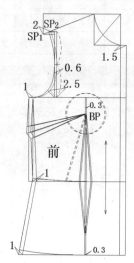

图 5-5　衬衫基本型绘图步骤 -1

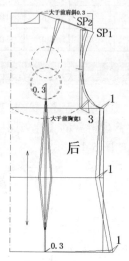

图 5-6　衬衫基本型绘图步骤 -2

04 前后片衣身绘制好后，将不要的辅助线删除，将新的结构线改为粗实线，规范标注完成衣身样板，衬衫基本型衣身绘制完成，如图 5-7 所示。

05 利用前面所学知识绘制一个较合体的一片袖，它是大部分时装衣袖变化的基础，通过它可以设计出任何款式的衣袖，如图 5-8 所示。

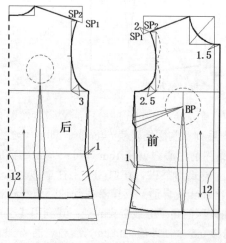

图 5-7　衬衫基本型绘图步骤 -3

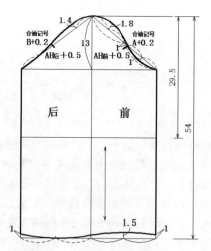

图 5-8　衬衫基本型绘图步骤 -4

5.1.3　女式时装衬衣的变化形式

款式变化是服装设计的基本要素之一，现代时装因为有了丰富的款式变化，人们的穿着打扮才会显得多姿多彩，设计师如何在现代时装快节奏变化中快速完成设计任务，就必须掌握一套科学的、快速的设计方法，服装计算机辅助设计为我们提供了方便、快捷的平台，综合运用各种设计软件是未来服装设计师必须具备的基本素质。

有了衬衣基本型的概念后，不同款式时装衬衫都可以通过衬衣基本型变化出来，这种方式准确、快捷且变化无穷，如图5-9所示为衬衣基本型的几款变化型。

短袖翻领收省衬衣　　　　　开刀缝褶裥袖立领衬衣　　　　　塔克褶分割线长袖衬衣

图 5-9　衬衣基本型的几款变化型

常见收省、短袖、翻领女式衬衣的结构图，如图5-10所示；褶裥袖袖山结构设计图，如图5-11所示。

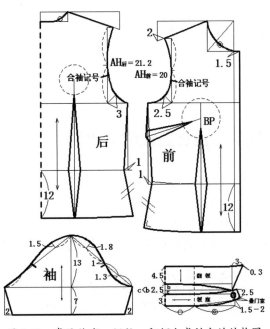

图 5-10　常见收省、短袖、翻领女式衬衣的结构图

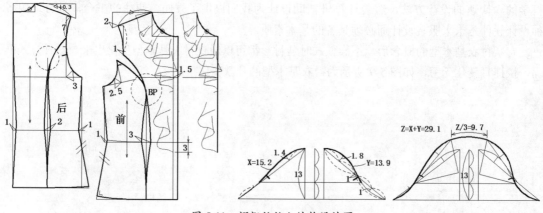

图 5-11　褶裥袖袖山结构设计图

如图 5-12 所示为贴体分割线（开刀缝）衣身的结构图；如图 5-13 所示为分割线塔克褶衬衣结构图。

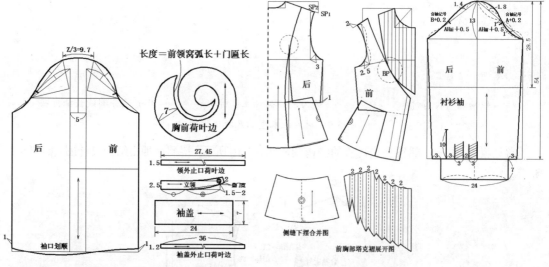

图 5-12　贴体分割线（开刀缝）衣身的结构图　　　图 5-13　分割线塔克褶衬衣结构图

5.2　核心进阶案例——设计三款时装外套

　　前面核心知识部分对基本型的实际运用进行了案例分析，以几款时装衬衫为例讲解了利用基本型进行款式设计和结构设计的方法，认识到了基本型打制样板的优势。本节核心进阶案例以 AutoCAD 2016 软件为主，利用款式、结构相对复杂的女式时装外套的设计案例，通过 AutoCAD 更进一步、更加详细地去解析基本型的构成原理，让读者更加深入地学会通过计算机快速、准确地进行服装样板设计。

　　现代服装设计，重点在于女性造型线条，强调女性凸凹有致、形体柔美的曲线，在板型设计中突出体现女性独特的魅力，下面以三款时装外套为例进行详细讲解，如图 5-14 所示。

图 5-14 时装外套款式图

根据基本型，按照时尚流行趋势重新设定时装上装的成品尺寸。

成品规格尺寸表   **号型：160/84A（时装外套）**   单位（cm）

分类 \ 部位	胸围	腰围	臀围	领围	肩宽	前长	背长	胸乳高	乳间距	袖长
净尺寸	84	66	90	34	40	41	38	24.5	16.5	50.5
基本型尺寸	94	78	104	36	37	41	37.4	24.5	18	54
时装外套尺寸	92	76	102	36	37	41	37.4	24.5	17.7	56

5.2.1 绘制基本型

利用 AutoCAD 功能绘制如图 5-15 所示的基本型结构图。

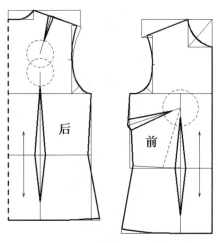

图 5-15 基本型结构图

5.2.2 款式一设计

01 根据款式绘制时装外套前后片结构线，如图 5-16 所示。

02 根据款式绘制时装外套戗驳领的辅助线和结构线，如图 5-17 所示。

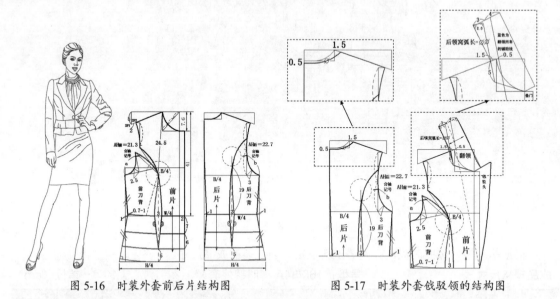

图 5-16 时装外套前后片结构图　　　　图 5-17 时装外套戗驳领的结构图

03 根据款式绘制时装外套下摆的结构线，如图 5-18 所示。

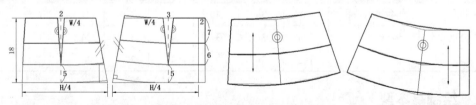

图 5-18 时装外套下摆结构图

04 根据款式绘制时装外套的贴体袖子，如图 5-19 所示。

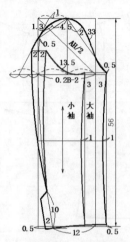

图 5-19 时装外套贴体袖子的构图

5.2.3 款式二设计

01 根据款式绘制时装外套前后片结构线，如图 5-20 所示。

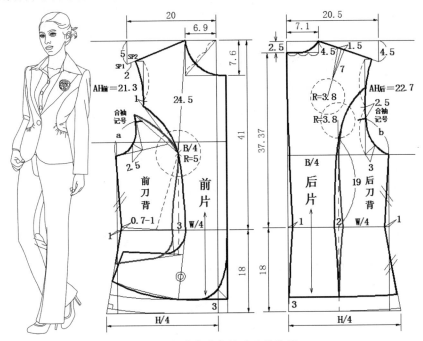

图 5-20 时装外套前后片结构图

02 根据款式绘制时装外套驳领的辅助线和结构线，如图 5-21 所示。

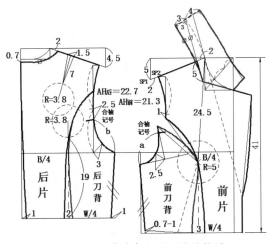

图 5-21 时装外套翻驳领的结构图

技术专题

①蓝色均为翻领的辅助线；②读者仔细观察会发现本款与前一个款式的翻驳领的结构有细节上的不同，首先本款的前横开领比前个款式的横开领要宽0.5cm，其次翻驳线的后倾量也要大0.5cm，达到了3cm，后直开领也比前一个款式大了0.2cm。从款式图上不难看出，增大这些部位的量主要的目的是便于衬衫领外翻，并保持平服。

03 根据款式绘制时装外套下摆的结构线，如图 5-22 所示。

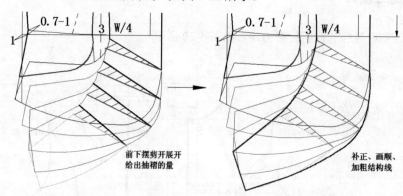

前下摆剪开展开
给出抽褶的量

补正、画顺、
加粗结构线

图 5-22　时装外套下摆抽褶展开示意图

技术专题

①根据款式前腰部做抽碎褶设计，打破单调，起一定的点缀、装饰作用；②由于是局部小范围，所以抽褶量取原尺寸1/3效果最佳。

04 根据款式绘制时装外套的贴体袖子，如图 5-23 所示。

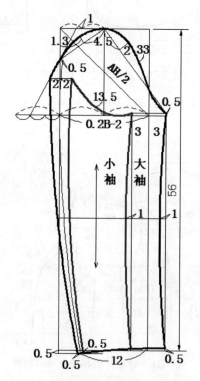

图 5-23　时装外套贴体无袖衩袖子的构图

5.2.4 款式三设计

01 根据款式绘制时装外套前后片结构线，如图 5-24 所示。

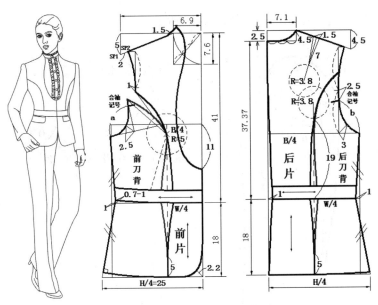

图 5-24　时装外套前后片结构图

02 根据款式绘制时装外套连身立领的辅助线和结构线，如图 5-25 所示。

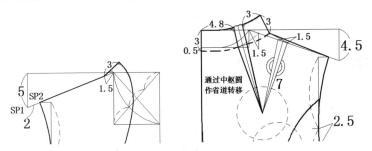

图 5-25　时装外套前后片结构图

技术专题

①本款时装上衣的最大特点为贴体修身，大身采用公主线进行纵向分割，再冠以腰带横向分割，领口门襟处采用花瓶造型，充分表现女性的妩媚；②领为连身立领，为了更好地贴服人体背部和颈部，在后领处设计了一个省，该后领口省一定是肩省转移而来的，不能随意取。作省道转移时一定要先将省尖移至中枢圆心上再转移。

03 根据款式绘制时装外套下摆的结构线，如图 5-26 所示。

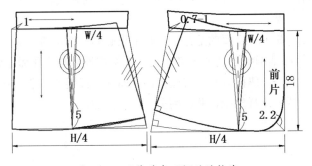

图 5-26　时装外套下摆的结构线

04 根据款式绘制时装外套的贴体袖子，如图 5-27 所示。

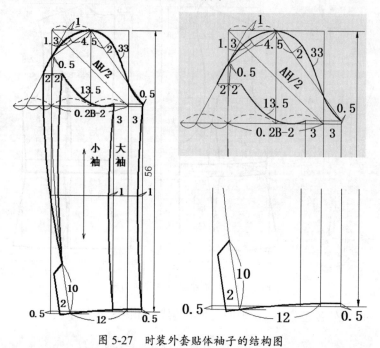

图 5-27　时装外套贴体袖子的结构图

5.3　本章小结

　　本章主要为理论和实践相结合的教学，是要重点掌握的内容。

　　1. 从本章起为结构设计的应用篇，无论是原型还是基型都只是一种结构模板，如何运用原型或基型进行结构设计与变化，最后做出成衣纸样才是最终的目的。本章依据女式上衣结构设计原理，利用原型或基型对结构设计的运用与延续进行一一讲解，读者可以通过基础运用和核心案例快速、熟练掌握打制样板的方法，利用 AutoCAD 简单、快捷的功能，特别针对无打板经验的初学者更是浅显易懂，使读者尽快走出仅仅只懂得服装的结构原理、只会画原型图而不会运用的误区。

　　2. 工业化、批量化成衣生产必须规范号型，有了规范的号型无论任何式样、任何风格的服装都很容易准确取值。对于初学者来说成衣的取值也是一道难题，本章以表格形式重点讲解了女式单件上衣的取值规律，掌握这些基本规律后可以根据不同款式、不同风格的时装快速、准确地设定成衣的各个部位的数值。

　　3. 结构设计（打制样板）最主要的是方法，有了正确的、系统的方法才能快速、准确绘制出结构图。核心知识和核心案例中通过举例将女式上衣结构设计与变化做了详细阐述，衣身、衣领、衣袖、衣摆、横向分割、纵向分割、省道转移、抽褶、打褶等都带入成衣设计领域中来了。读者可以在案例中学会样衣纸样绘制，并达到举一反三的能力。

第 6 章 女式时装裙结构设计

本章导读

前 3 章运用大量篇幅系统、详细地讲解了女式上装结构的设计原理,重点讲解了原型法和基型法在女装结构设计方面的实际应用技术。

在本章中,我们将重点学习间接法中原型裙的结构设计原理,以及基型裙的制图方法,读者能够在本章中学会女式下装(时装裙)的打板技术,这是一个全新的领域。下面通过 AutoCAD 就女式裙子的结构设计与变化进行详细介绍。

本章知识点

◆ 裙子的结构设计概述 　　　　　◆ 裙子的基本型结构制图与样板
◆ 裙子的原型结构制图与样板 　　◆ 时装裙的结构设计与变化

6.1 时装裙结构设计概述

在现代时装中,女式下装(裙子)的变化越来越丰富,大致分两类,一类是职业化的倾向西式正装裙,通常我们叫它"西裙";另一类是流行的时装裙。裙子有很好的包裹人体的效果,特别是有弹性的贴体风格的时装裙,要求板型越来越高。结构设计师(打板师)必须深入了解人体的基本结构,熟悉人体的表面特征。快速、准确地通过计算机来完成裙子的纸样设计。

在工业化、批量化成衣的设计中利用基本型进行款式设计和结构设计是最方便、快捷的,加上 CAD/CAM 的运用大大提高了设计师的工作效率,设计师有了更多的时间去进行款式设计和结构设计。

6.1.1 裙子的分类

裙子的款式、造型及变化丰富多彩,分类形式也多种多样,一般分类有两种方式。

1. 按照款式分类

按照款式分类主要是指裙子外部轮廓线的造型,如裙子的长短、裙摆的大小等,如图 6-1 所示。

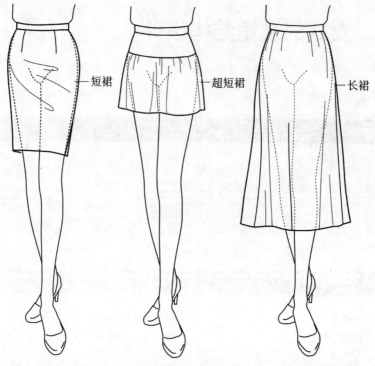

图 6-1 裙子的分类 -1

2．按照结构分类

按照结构分类主要是指裙子内部结构线的设计，如裙子的样板是四片、八片、阶梯或喇叭等，如图 6-2 所示。

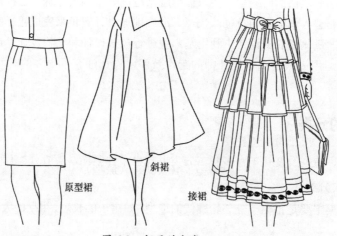

图 6-2 裙子的分类 -2

6.1.2 裙子的款式设计

裙子是女性服装中特有的品种。由于它是女性最能展现风采的款式，所以备受女式的喜爱。裙子除了长短变化外，主要是款型上的变化。

裙子的构成相对于裤子来说更随意、丰富，因它没有裆的限制可以充分发挥设计师的想象力，变化出无穷无尽的款式，如图 6-3 所示。

图 6-3　裙子的款式变化

6.1.3　裙子的结构设计原理

裙子的结构制图方法很多，但对于工业化、批量化生产的成衣来说，利用间接法中的原型法和基本型法制图更准确、更快捷。一般正装西裙多用原型制图，流行时装裙多用基型法，加上计算机的辅助设计，将大大提高工作效率。

6.2　裙子的结构制图与样板

6.2.1　利用 AutoCAD 绘制原型裙

利用 AutoCAD 表格工具建立原型裙规格尺寸表。

成品规格尺寸表　　　　　　　　号型：160/66A（原型）　　　　　　　　单位（cm）

分类＼部位	腰围	臀围	臀长	裙长	备注
净尺寸	66	90	18	55	
成品尺寸	68-70	92-94	18	50-60	

范例——绘制原型裙

01 启动 AutoCAD，利用前面掌握的知识，根据设定的具体尺寸逐步完成原型图的绘制，如图 6-4 所示。

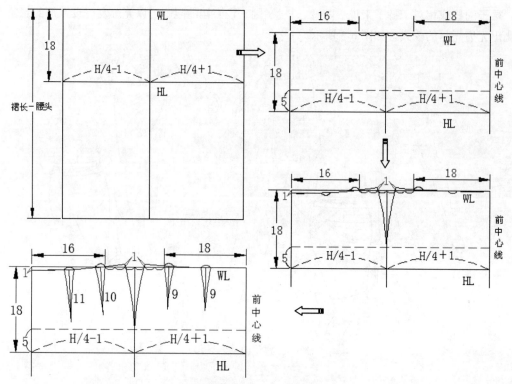

图 6-4　原型裙的绘图步骤

02 充分利用 AutoCAD 的各种工具，依据前面掌握的知识，规范标注具体尺寸，最后完成原型图的绘制，如图 6-5 所示。

03 利用原型裙模板绘制西裙：正装西裙历史悠久，发展到现在与传统的正装西装、西裤一样款式上变化并不大，主要一些局部有所改变而已，如：裙子的长短、裙子的下摆、裙衩的位置等。其内部结构仍然是传统的筒型结构，款式上主要是三种造型：A 型造型、H 型造型、O 型造型，如图 6-6 和图 6-7 所示。

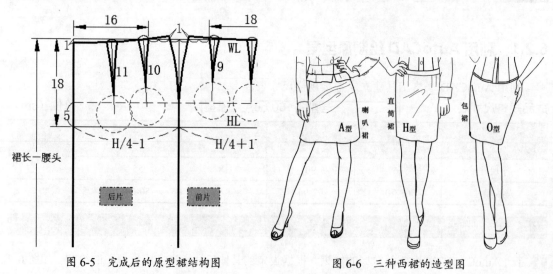

图 6-5　完成后的原型裙结构图　　　　图 6-6　三种西裙的造型图

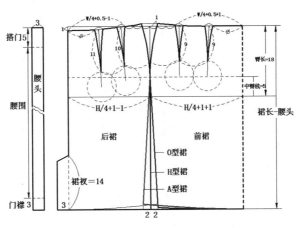

图 6-7 三种西裙的结构图

6.2.2 利用 AutoCAD 绘制基型裙样板

利用 AutoCAD 表格工具建立基型裙规格尺寸表。

成品规格尺寸表   号型：160/66A （基本型）   单位（cm）

分类 \ 部位	腰围	臀围	臀长	裙长	备注
净尺寸	66	90	18	55	
成品尺寸	66	90-92	18	50-60	

范例——绘制基型裙样板

01 启动 AutoCAD，利用前面掌握的知识，根据设定的具体尺寸逐步完成基型图的绘制，如图 6-8 和图 6-9 所示。

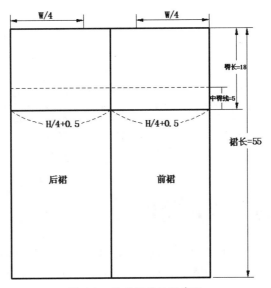

图 6-8 基型裙的绘图步骤

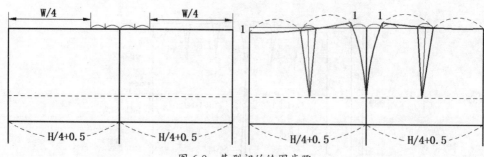

图 6-9　基型裙的绘图步骤

02 充分利用 AutoCAD 的各种工具，依据前面掌握的知识，规范标注具体尺寸，最后完成基型图的绘制，如图 6-10 所示。

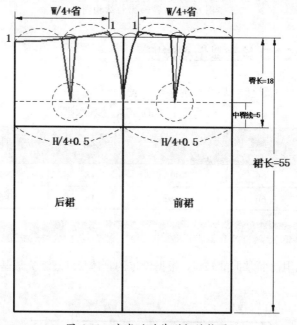

图 6-10　完成后的基型裙结构图

技术专题

基型裙母板主要用于时装裙的设计，它与原型裙不同处在于取值：①时装裙大多数都是独立的裙型，不需要考虑上身的结构关系，主要考虑的是人体下半身的结构关系，特别是一些包裹人体、充分体现人体曲线的特别贴体的时装裙，根据人体结构特征就应该后片大于前片，所以在前、后片的取值上可以相等，最好是后片大于前片0.5~1cm；②时装裙的腰有高有低，所以腰围取净尺寸最合理，臀围根据设计风格和面料特性取正值、负值都可；③时装裙的省道变化多样，便于结构设计将基础母板设计为一个省，有利于快速完成各种复杂的样板。

6.3　基本裙装的结构设计与变化

　　作为流行时尚的裙子在不同的时期有不同的变化趋势，或高腰或低腰、或长裙或短裙，只有把握流行趋势，充分发挥设计师的想象力，以及扎实的基本功才能设计出符合市场需求的时装，满足消费者的时尚需求。裙子设计主要在腰上和摆上，如图 6-11 和图 6-12 所示。

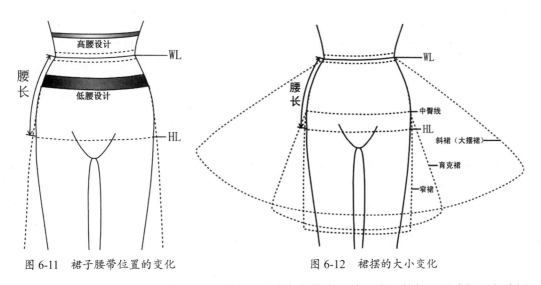

图 6-11 裙子腰带位置的变化　　　　　　图 6-12 裙摆的大小变化

除了款式上的变化，在结构上裙子也有一些独立的构成形式，常见的如：四片裙、六片裙、八片裙、十六片裙、育克裙、喇叭裙、阶梯裙及斜裙等，如图6-13所示。它们的构成形式相对独立，所以打制样板时可以利用基础母板绘制，也可以单独绘制。

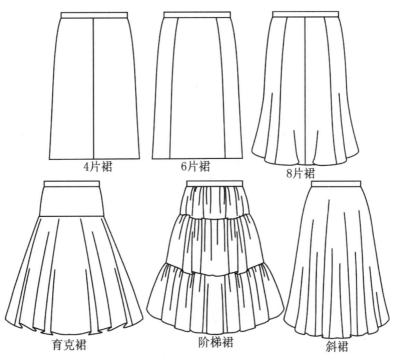

图 6-13 裙子的基本款式

6.3.1 利用 AutoCAD 和基型裙样板绘制四片裙

启动 AutoCAD，利用前面掌握的知识，根据设定的具体尺寸逐步完成四片裙的结构制图，首先建立成品规格尺寸表。

成品规格尺寸表　　　　　　　　　号型：160/66A （四片裙）　　　　　　　　单位（cm）

部位 分类	腰围	臀围	臀长	裙长	备注
净尺寸	66	90	18	55	
成品尺寸	66	90-92	18	50-60	

　　调用基型裙模板，利用 AutoCAD 实用工具进行四片裙绘制，绘制步骤如下。

范例——绘制四片裙

01 单击【延伸】命令按钮⌐，将前后片的省边延伸至裙摆，如图 6-14 所示。

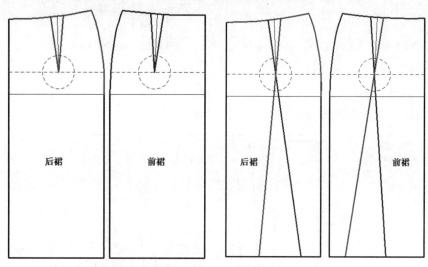

图 6-14　四片裙的绘制步骤一

02 通过【角度测量】工具△测量前后省的角度，如图 6-15 所示。

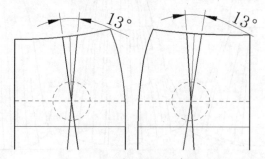

图 6-15　四片裙的绘制步骤二

03 利用【旋转】命令⟳，以中枢圆心为基点，运用前面所学的知识（剪开旋转的方法及量取角度的方法），输入角度尺寸进行旋转，合并前后省道，化省为摆。裙摆量完全由省量转化而来，省量越大摆量越大，也就是说，臀腰差越大摆量越大，其 X 造型越突出，如 Y 体型的人；相反臀腰差越小摆量越小，其 H 造型明显，如 C 体型的人，如图 6-16 所示。

04 利用【圆弧】命令⌒进行样板修正，使腰围线和下摆线圆顺、平滑，根据成品尺寸绘制好腰头，标注纱向，完成四片裙的绘制，如图 6-17 所示。

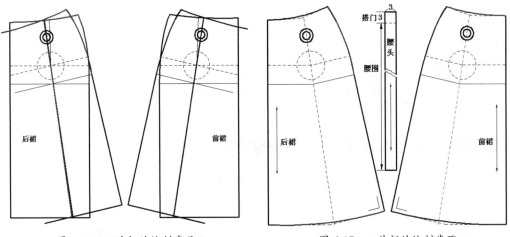

图 6-16 四片裙的绘制步骤三   图 6-17 四片裙的绘制步骤四

6.3.2 利用 AutoCAD 和基型裙样板绘制八片裙

启动 AutoCAD，利用前面掌握的知识，根据设定的具体尺寸逐步完成八片裙的结构制图，首先建立成品规格尺寸表。

成品规格尺寸表   号型：160/66A（八片裙）   单位（cm）

部位 分类	腰围	臀围	臀长	裙长	备注
净尺寸	66	90	18	55	
成品尺寸	66	90-92	18	自定义	

范例——绘制八片裙

01 八片裙从结构上讲为相对独立的裙型，可以不用基型裙模板，利用 AutoCAD 绘图工具进行直接绘制，快速完成结构图，如图 6-18 所示。

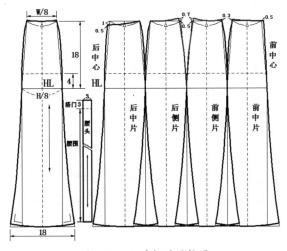

图 6-18 八片裙的结构图

02 保存绘制结果。

技术专题

①八片裙由八片形状相似的样板构成，从臀围线向外扩展的外缝线可以加大裙摆，形成喇叭裙，也可以加长裙长并在大腿部位开始收紧直到小腿，在下摆处放开设计成鱼尾裙；②虽然八片样板近似，但根据人体结构的关系，前、后及侧面也有细节上的差异，如图6-18所示前片、侧片、后片都有尺寸调整，这样才能设计出更合体的裙型。

6.3.3 范例——利用 AutoCAD 绘制育克裙

启动 AutoCAD，利用前面掌握的知识，根据设定的具体尺寸逐步完成育克裙的结构制图，首先建立成品规格尺寸表。

成品规格尺寸表　　　　　　　　　号型：160/66A（育克裙）　　　　　　　单位（cm）

分类 \ 部位	腰围	臀围	臀长	裙长	备注
净尺寸	66	90	18	55	
成品尺寸	66	90-92	18	自定义	

范例——绘制育克裙

调用基型裙模板利用 AutoCAD 实用工具进行育克裙绘制，绘制步骤如下：

01 利用【直线】命令 在中臀线上从侧缝延中枢圆心画直线，如图 6-19 所示。

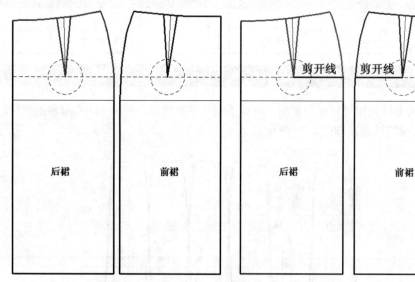

图 6-19　育克裙的绘制步骤一

02 通过【角度测量】工具 测量前后省的角度，如图 6-20 所示。

03 利用【旋转】命令 ，以中枢圆心为基点，运用剪开旋转及量取角度的方法，输入角度尺寸进行旋转，合并前后省道化省为育克，加放碎褶量完成制图，如图 6-21 和图 6-22 所示。

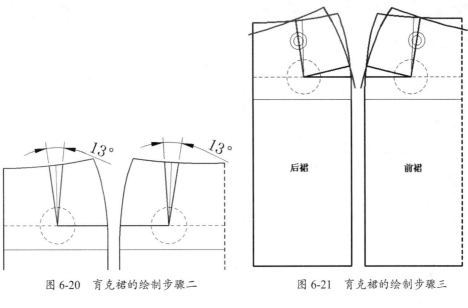

图 6-20　育克裙的绘制步骤二　　　　　　图 6-21　育克裙的绘制步骤三

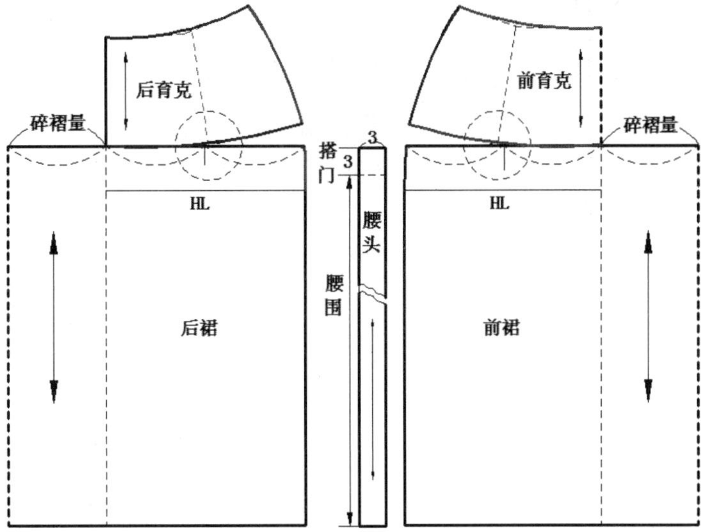

图 6-22　育克裙的绘制步骤四

6.3.4　利用 AutoCAD 和基型裙样板绘制阶梯裙

启动 AutoCAD 应用程序，利用前面掌握的知识，根据设定的具体尺寸逐步完成阶梯裙的结构制图，首先建立成品规格尺寸表。

成品规格尺寸表　　　　　　　　　　号型：160/66A（阶梯裙）　　　　　　　　单位（cm）

分类＼部位	腰围	臀围	臀长	裙长	备注
净尺寸	66	90	18	55	
成品尺寸	66	90-92	18	自定义	

范例——绘制阶梯裙

调用基型裙模板利用 AutoCAD 实用工具进行育克裙绘制，绘制步骤如下：

01 利用【直线】命令 在中臀线上从侧缝延中枢圆心画直线，如图 6-23 所示。

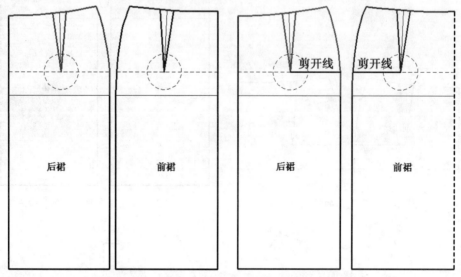

图 6-23　阶梯裙的绘制步骤一

02 通过【角度测量】工具 测量前、后省的角度，如图 6-24 所示。

03 利用【旋转】命令 ，以中枢圆心为基点，运用剪开旋转及量取角度的方法，输入角度尺寸进行旋转，合并前后省道，化省为育克，加放碎褶量完成制图，如图 6-25~ 图 6-27 所示。

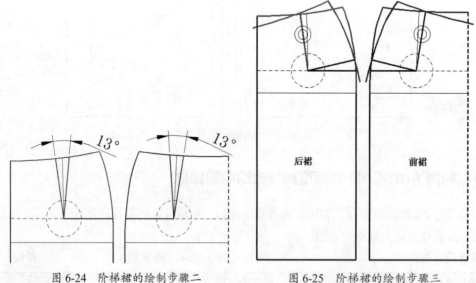

图 6-24　阶梯裙的绘制步骤二　　　　图 6-25　阶梯裙的绘制步骤三

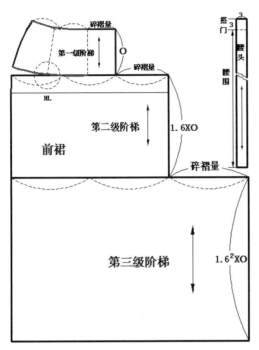

图 6-26 阶梯裙的绘制步骤四

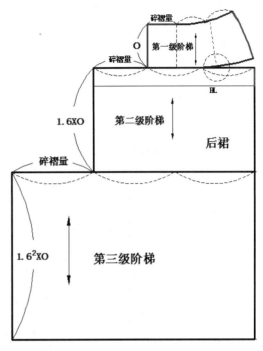

图 6-27 阶梯裙的绘制步骤五

技术专题

①根据前面所学的知识，我们知道抽褶量的取值：短距离、小范围取1/3，长距离、大范围取1/2最科学；②碎褶接裙的阶梯数量根据款式而定，两接、三接、四接风格各异，阶梯的高度由短到长递增，递增量按黄金比递增，范围为（1:1.16~1.6），做成成品后视觉效果最佳。

6.3.5 利用 AutoCAD 和基型裙样板绘制斜裙

启动 AutoCAD，利用前面掌握的知识，根据设定的具体尺寸逐步完成斜裙的结构制图，首先建立成品规格尺寸表。

成品规格尺寸表　　　　　号型：160/66A（斜裙）　　　　单位（cm）

分类＼部位	腰围	臀围	臀长	裙长	备注
净尺寸	66	90	18	55	
成品尺寸	66	90-92	18	自定义	

范例——绘制斜裙

01 斜裙从结构上讲也是相对独立的裙型，结构也比较简单，不需要基型裙模板，充分利用 AutoCAD 实用工具进行直接绘制，快速完成结构图，如图 6-28 所示。

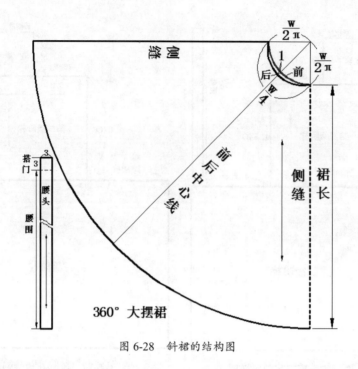

图 6-28 斜裙的结构图

02 保存绘制结果。

6.4 时装裙的变化形式

  时装裙是女式时装的重要组成部分，现代时装裙款式变化无穷、色彩丰富多彩、面料更是应有尽有，这样就为设计师提供了更多的设计空间，综合运用好计算机的各种设计软件，充分利用好服装计算机辅助设计方便、快捷的平台，设计出市场需求、消费者满意的时装裙来。

6.4.1 时装裙的结构设计和打板技巧

  下面以几款贴体修身、包裹人体较好的，并且结构相对复杂的实例，逐步讲解时装裙的结构设计和打板技巧。

➤ 首先绘制时装裙中间标准体的基型母板，如图 6-28 所示。

➤ 不同时期有不同的流行趋势，款式上或高腰或低腰，面料无弹性、有弹性或高弹力等，要求设计师根据不同款式、不同面料，依靠基型母板利用 CAD 平台进行结构上的分析，这样才能做到快速、准确、无误地打制样板。

➤ 运用中间标准体时装裙的基型母板进行再创作，对于没有打板经验的初学者来说更易于掌握。

➤ 技术主要靠理论知识和丰富的实践经验，而设计不是靠经验，它依靠的是设计师的综合素质和丰富的想象力，所以我们不要求读者去死记硬背一些过时的结构图。

➤ 熟悉人体结构、了解人体表面特征，掌握快速打板技巧才能做到举一反三。

➤ 不管身、袖、裙、裤如何变化，学懂基础母板的构成原理和变化方式并熟练掌握服装 CAD 才是最重要的，才能达到工业化、成衣生产的要求。

6.4.2 利用 AutoCAD 绘制时装裙的基本型

启动 AutoCAD，利用前面掌握的知识，根据设定的具体尺寸逐步完成时装裙的基本型结构制图，首先建立成品规格尺寸表。

成品规格尺寸表　　　　　　　　　号型：160/66A（时装裙的基本型）　　　　　　　　　单位（cm）

分类 \ 部位	腰围	臀围	臀长	裙长	备注
净尺寸	66	90	18	55	
成品尺寸	66	90	18	自定义	

范例——绘制基本型

01 利用 AutoCAD 的绘图工具绘制如图 6-29 所示的时装裙基本型。

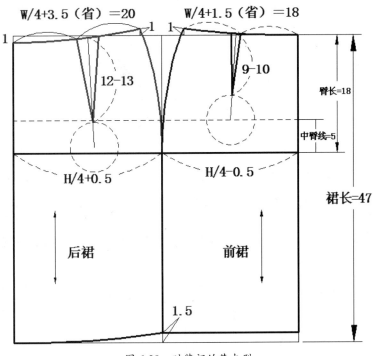

图 6-29　时装裙的基本型

技术专题

①根据女性人体下半身的结构关系，臀部比较丰满且圆润，前腹部相对平直，所以基型母板最科学的取值是前片小于后片0.5~1cm；②基型母板的腰围和臀围最好取中间标准体人体的净尺寸，最后根据结构风格进行加减；③前后片各设计一个省道，根据人体前后臀腰差的不同省道大小也不相同，A型体型的人前片省道取1~1.5cm、后片取~3.5cm。Y型体型的人前片省道取1.5~2cm、后片取3~4cm。B型体型的人前片省道取0.5~1cm、后片取2.5~3cm。C型体型的人前片省道取0cm、后片取2~2.5cm最合理；④省道的长度必须合理，省尾越大省道越长，最长也不能超过中臀线；⑤由于臀部上翘的原因，所以前下摆必须抬高一定的量。

02 保存绘制结果。

6.4.3 利用时装裙基本型进行几款时装裙的设计

1. 款式一

一款流行时尚包裙，降低腰线，前后片采用分割线设计，较好地表现女性人体的优美曲线。面料采用有一定弹性的梭织织物或针织织物。配上真皮细腰带作装饰，尽显女性的时尚魅力，如图 6-30 所示。

图 6-30　时装裙款式一

调用时装裙的基础母板，利用 AutoCAD 实用工具进行结构图绘制，绘制步骤如下：

范例——绘制流行时尚包裙款式一

01 先绘制相应的款式线和结构线：①利用【偏移】命令 将腰线降低 3cm；②利用【直线】命令 绘制结构线和款式线，如图 6-31 所示。

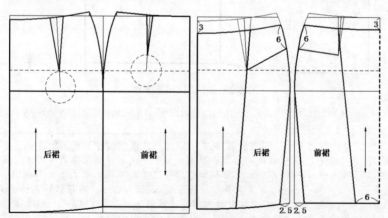

图 6-31　时装贴体包裙的绘制步骤一

02 合并省道进行省道转移：运用量取角度和剪开旋转的方法将腰省转移至侧缝，化省为育克，如图 6-32~图 6-34 所示。

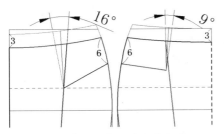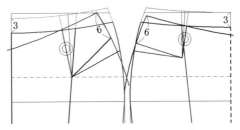

图 6-32　时装贴体包裙的绘制步骤二　　　　图 6-33　时装贴体包裙的绘制步骤三

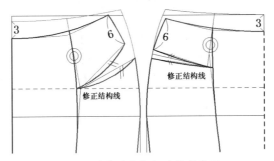

图 6-34　时装贴体包裙的绘制步骤四

技术专题

根据女性人体下半身的结构关系，人体表面是没有直线的，所以在做育克样板和裙身样板时一定要先合并省道，然后将剪开展开线补正不能有钝角，利用【圆弧】命令将其画圆滑。

03 绘制出皮带袢的大小及所缝合的位置，规范标注完成该款时装裙的结构制图，如图 6-35 所示。

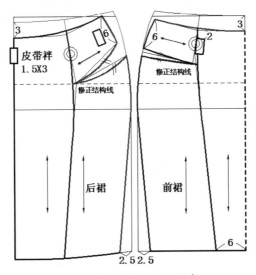

图 6-35　时装贴体包裙的绘制步骤五

技术专题

作为贴体紧身的裙子，裙侧缝结构线做了内收处理，设计上要充分考虑是否方便行走等，面料弹性不强的一些梭织织物，针对其机能性，需要时一定设计裙衩。

04 规范标注，完成结构图。

2. 款式二

一款流行时尚包裙，降低腰线，前片多组分割线不对称设计，较好地表现女性人体的优美曲线。面料采用有一定弹性的梭织织物或针织织物。配上真皮腰带为作装饰，尽显女性时尚魅力，如图6-36所示。

图6-36　时装裙款式二

调用时装裙的基础母板，利用AutoCAD的实用工具进行结构图绘制，绘制步骤如下。

范例——绘制流行时尚包裙款式二

01 先绘制相应的款式线和结构线：①利用【偏移】命令🔲将腰线降低2cm；②利用【直线】命令✏绘制结构线和款式线，如图6-37所示。

02 前片合并省道进行省道转移：运用量取角度和剪开旋转的方法将腰省转移至侧缝，化省为育克。后片不动就做简单地收省处理即可，如图6-38所示。

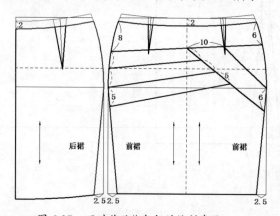

图6-37　不对称贴体包裙的绘制步骤一

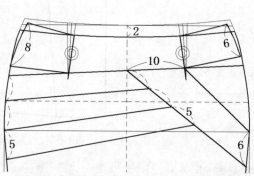

图6-38　不对称贴体包裙的绘制步骤二

03 绘制出皮带袢的大小及所缝合的位置，规范标注完成该款时装裙的结构制图，如图6-39所示。

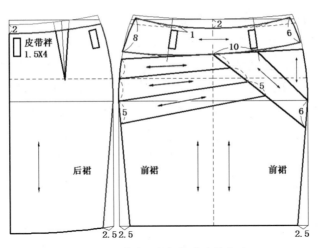

图 6-39 不对称贴体包裙的绘制步骤三

3. 款式三

一款流行时尚包裙，降低腰线，前片斜门襟做不对称设计，加上育克增加变化，较好地表现女性人体的优美曲线。面料采用有一定弹性的梭织织物或针织织物。配上真皮腰带为作装饰，尽显女性的时尚魅力，如图 6-40 所示。

图 6-40 时装裙款式三

调用时装裙的基础母板，利用 AutoCAD 的实用工具进行结构图绘制，绘制步骤如下。

范例——绘制流行时尚包裙款式三

01 先绘制相应的款式线和结构线：①利用【偏移】命令 将腰线降低 2cm；②利用【直线】命令 和【多段线】命令 绘制结构线和款式线，如图 6-41 所示。

02 前片合并省道进行省道转移：运用量取角度和剪开旋转的方法将腰省转移至侧缝，化省为育克。后片不动做简单的收省处理即可，如图 6-42 所示。

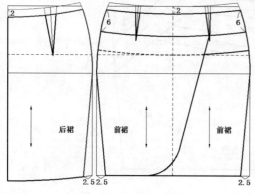 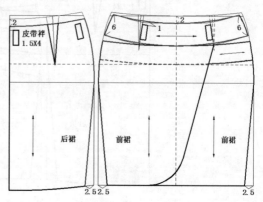

图 6-41　不对称贴体斜门襟包裙的绘制步骤一　　图 6-42　不对称贴体斜门襟包裙的绘制步骤二

03 规范标注，完成结构图。

6.5 核心进阶案例——变化型裙子结构设计

　　前面核心知识部分对基本型的实际运用进行了案例分析，以几款常见的基本裙型为例讲解了利用基本型进行款式设计和结构的设计方法，认识到了基本型打制样板的优势，本节核心进阶案例以 AutoCAD 2016 软件为主，利用款式、结构相对复杂的女式时装裙的设计案例，通过 AutoCAD 更进一步、更加详细地去解析如何利用基本型进行时装裙设计，让读者更加深入地学会通过计算机快速、准确地进行服装样板设计。

　　现代服装设计，重点在于女性造型线条，强调女性凸凹有致、形体柔美的曲线，在板型设计中突出体现女性独特的魅力，下面以三款时装裙为例进行详细讲解，如图 6-43 所示。

波浪门襟裙　　　　高低波浪裙　　　　碎褶接裙

图 6-43　流行时装裙的款式图

6.5.1 款式一：波浪门襟裙

该款利用基本裙型变化而来，前门襟采用不对称造型，有悬垂波浪，在前腰部做平褶设计丰富前片，如图6-44所示。

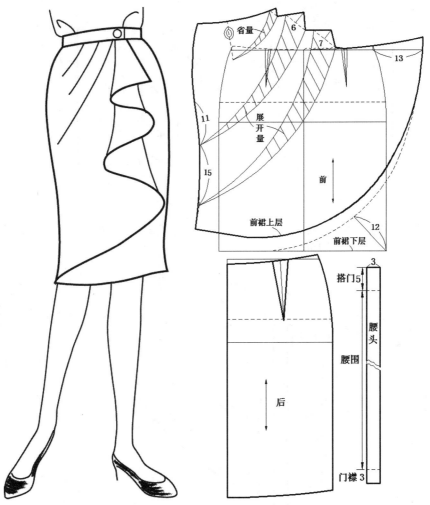

图 6-44 不对称波浪门襟裙

调用时装裙的基础母板，利用 AutoCAD 的实用工具进行结构图绘制，绘制步骤如下。

01 先绘制相应的款式线和结构线：①利用【直线】命令、【圆弧】命令，以及【多段线】命令绘制结构线和款式线；②准确标注尺寸，如图6-45所示。

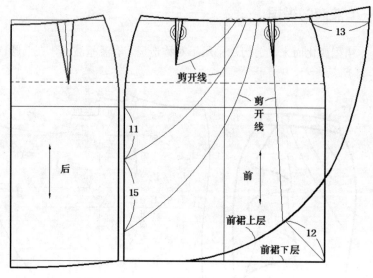

图 6-45　不对称波浪门襟裙的绘制步骤一

02 前裙上层合并省道，将省道转移至门襟，再运用剪开、展开的方法将前裙上层的波浪量放出来。后片不动做简单的收省处理即可，如图 6-46 所示。

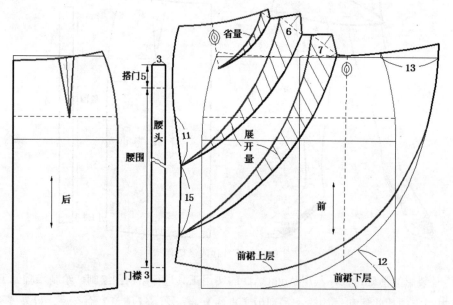

图 6-46　不对称波浪门襟裙的绘制步骤二

03 规范标注，完成结构图。

6.5.2　款式二：高低波浪裙

　　该款是利用 360°大摆裙的基本裙型变化而来的时装裙，裙摆采用不对称造型，前片短后片长，高低错落，飘逸感强。裙片由两层组成，并在前中有重叠量，长腰带设计可系成蝴蝶结增加活力，如图 6-47 所示。

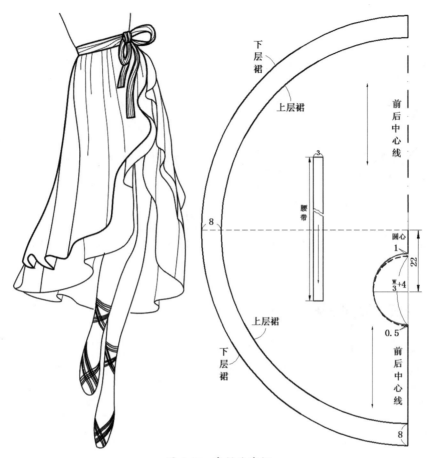

图 6-47　高低波浪裙

01 调用 360°大摆裙基本裙模板，如图 6-48 所示。

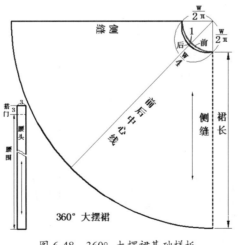

图 6-48　360°大摆裙基础样板

02 利用 AutoCAD 的实用工具进行结构图绘制，绘制步骤如图 6-49 和图 6-50 所示。

服装结构设计与实战

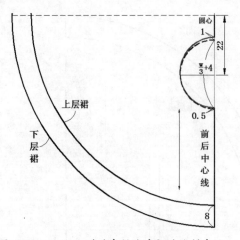

图 6-49　360° 不对称高低波浪裙的绘制步骤一

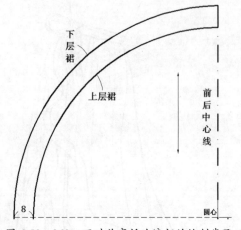

图 6-50　360° 不对称高低波浪裙的绘制步骤二

03 规范标注，完成结构图的绘制。

6.5.3　款式三：碎褶接裙

　　该款是运用接裙基本型原理变化而来的碎褶时装接裙，内部采用四片裙作为衬裙，将外部接裙按预定位置一层一层地缝合在衬裙上，使外部接裙有外展效果，工艺上要求上一层一定要遮住下一层的缝接部位，如图 6-51 所示。

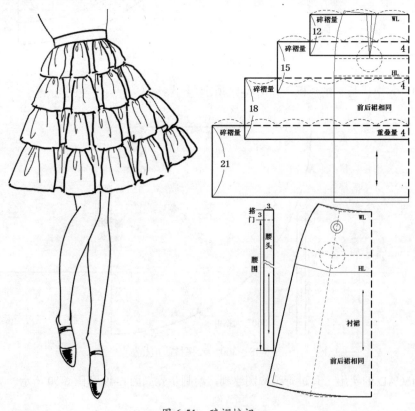

图 6-51　碎褶接裙

132

01 运用接裙基本裙结构设计原理模板，利用 AutoCAD 的实用工具进行结构图绘制，绘制碎褶接裙，如图 6-52 所示。

02 接着完成碎褶接裙的绘制，结果如图 6-53 所示。

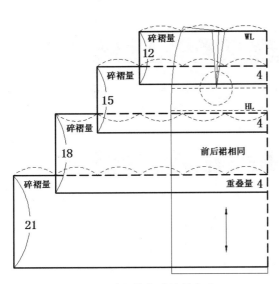

图 6-52　碎褶接裙的绘制步骤一

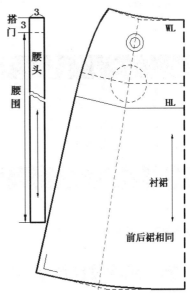

图 6-53　碎褶接裙的绘制步骤二

03 规范标注，完成结构图。

6.6　本章小结

本章主要为理论和实践相结合的教学，是要重点掌握的内容。

1. 从本章为结构设计裙子的应用篇，裙子既可以是独立的形式，也可以和衣身相连形成连体衣裙，即连衣裙。本章以独立裙型为核心，以基本裙型为根本，对裙子的结构设计和变化做了一一讲解。读者可以通过基础运用和核心案例快速、熟练掌握打制裙子样板的方法，利用 AutoCAD 简单、快捷的功能，提高制图效率。

2. 结构设计（打制样板）最主要的是方法，有了正确的、系统的方法才能快速、准确地绘制出结构图，核心知识和核心案例中通过举例将女式裙装结构设计与变化做了详细阐述，裙腰、裙摆、育克，横向分割、纵向分割，省道转移，展开抽褶、不对称设计等都带入裙装成衣化设计领域中来了。读者可以在案例中学会裙装样衣纸样的快速绘制方法，并达到举一反三的能力。

第7章 女下装（裤子）结构设计

本章导读

　　本章继续利用 AutoCAD 2016 软件以女式下装（裤子的结构设计）为例，将下装的结构设计原理，以及变化形式由浅入深逐一分析讲解，让读者慢慢开始对裤子的构成和变化有所了解，并学会其变化要领，得到举一反三的能力。

本章知识点

◆　裤子的结构设计原理　　　　　　　　◆　女式时装裤的变化形式
◆　女式基本型裤子的构成原理

7.1 裤子结构设计技术与要点

　　在本节中，我们将重点学习间接法中基型裤的制图方法，读者能够在本章中学会女式下装（正装西裤、时装裤）的打板技术，这是一个全新的领域。下面通过 AutoCAD 2016 就女式裤子的结构设计与变化进行详细介绍。

7.1.1 裤子的结构制图与样板

　　在现代时装中，女式下装（裤子）的变化越来越丰富，大致分两类：一类是职业化倾向的正装西裤；另一类是流行的时装裤。裤子也有很好的包裹人体的效果，特别对人体的臀部、腿部曲线的塑造，裙子是无法达到的。特别是有弹性的贴体风格的时装裤，要求板型越来越高。结构设计师（打板师）必须深入了解人体的基本结构，熟悉人体的表面特征；快速、准确地通过计算机完成裤子的纸样设计。

　　在工业化批量化成衣的设计中，利用基本型进行款式设计和结构设计是最方便、快捷的方法，加上 CAD/CAM 的运用大大提高了设计师的工作效率，设计师有了更多的时间去进行款式设计和结构设计。

1. 裤子的分类

　　裤子是现代女性服装中占重要地位的品种。它的款式变化比男裤更丰富，特别是一些高科技的新型纺织物的出现，对于女性裤子增加不少新的功能，如提臀、收腹、束腿等功效，所以备受女式的喜爱。裤子发展到现在，款式、色彩及面料越来越丰富，其分类主要以长短来区分，可分为三大类型，分别为短裤、中裤和长裤，如图 7-1 所示。

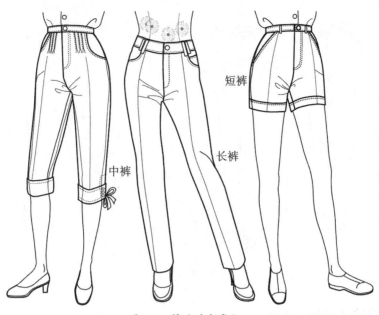

图 7-1 裤子的分类之一

除了长短上的区分外，根据结构和款式造型，裤子还有很多分类形式，如从裤型分类比较常见，如图 7-2 所示。

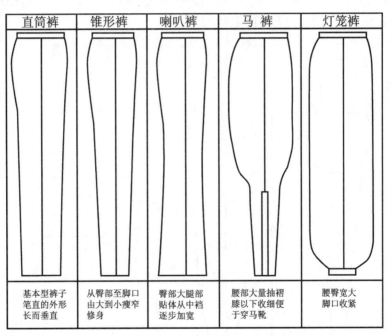

直筒裤	锥形裤	喇叭裤	马 裤	灯笼裤
基本型裤子笔直的外形长而垂直	从臀部至脚口由大到小瘦窄修身	臀部大腿部贴体从中裆逐步加宽	腰部大量抽褶膝以下收细便于穿马靴	腰臀宽大脚口收紧

图 7-2 裤子的分类之二

2. 裤子的款式设计

裤子能够将人体下半身臀及两腿分别包裹，相对于裙子下肢活动更为自如。不同的场所都适合穿着，如骑马、骑自行车、跑步等各项运动，所以裤子的款式变化更加丰富多彩，设计师可以尽情发挥自己的想象力，创作出更多、更时尚的裤装，如图 7-3 所示。

图7-3 裤子的款式

7.1.2 裤子的结构设计原理

裤子的基本结构和造型，从长度讲，有裤腰、上裆、底裆；从围度讲，有腰围、臀围、腿根围（横裆）、膝围（中裆）、踝围（裤口）。上述结构通过底裆（即大裆、小裆联结成的凹形曲线）连接构成裤子，整体造型要求符合人体体型。

首先了解裤子各部位的构成，以及和人体结构之间的关系，为了穿着合体必须掌握各部位测量方法，准确测量必要的各部分尺寸，如图7-4所示。

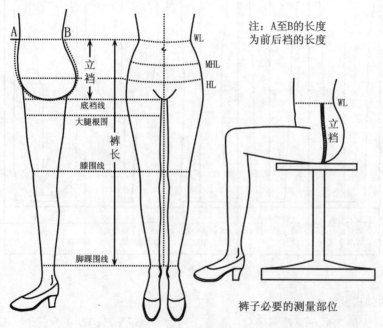

图7-4 裤子必要的测量部位

➤ 裤长：从人体侧面腰围线量至臀围线后垂直量到脚踝，即腰围高。

> ➤ 立裆：人坐在凳子上，从体侧腰围线开始量至凳面的弧线距离。
> ➤ 臀围：臀部最丰满处经过耻骨联合处水平的周长。
> ➤ 大腿根围：大腿最粗的一圈周长。
> ➤ 膝围：膝盖部分最小的一圈周长。
> ➤ 脚踝围：脚踝部分最细一圈的周长。

其次必须熟悉裤子特有的立裆、横裆和中裆的结构关系，立裆又叫"上裆"，是人体腰围线至裆底弧线（躯干下部与下肢上部连接交叉）的部分；横裆也叫"底裆"，由小裆（前裆）和大裆（后裆）组成，横裆的总宽度反映躯干下部的厚度，是前腹至后臀的跨距；中裆在膝围处，是裤型变化的重要结构线，直接反映出裤子的款式风格，如图 7-5 所示。

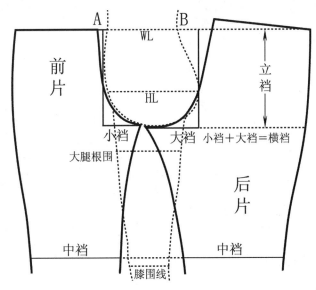

图 7-4　裤子与人体之间的结构关系

7.2 核心案例——女式基本型裤子结构设计

裤子的结构制图方法很多，但对于工业化、批量化生产的成衣来说，利用间接法中的基本型法制图更准确、更快捷。加上计算机的辅助设计，将大大提高工作效率。

下面逐步介绍基本型裤的结构设计及制图原理。

7.2.1 利用 AutoCAD 表格工具建立基型裤规格尺寸表

在制图时，需要制作基本型裤子的规格尺寸表。

成品规格尺寸表　　　　　　　　　　号型：160/66A（基本型）　　　　　　　　　　单位（cm）

分类　　　　　　部位	腰围	臀围	立裆	裤长	脚口
净尺寸	66	90	27-28	98	
成品尺寸	68-70	94-98	27-28	100	40

7.2.2 利用 AutoCAD 绘制基型裤

操作步骤

01 启动 AutoCAD 2016，用【直线】命令✏绘制基本型的框架结构图。①上平线、下平线；②臀围线、底档线；③前、后烫迹线；④小档和大档的辅助线，如图 7-5 和图 7-6 所示。

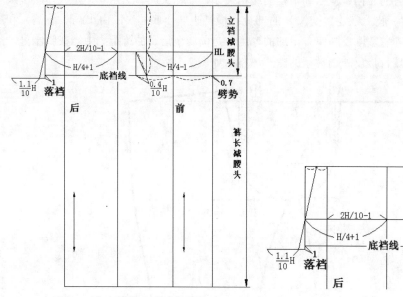

图 7-5　基本型裤子的结构制图 -1

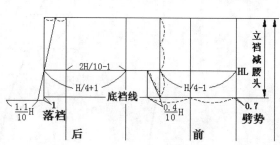

图 7-6　基本型裤子的结构制图 -2

02 用【直线】命令✏绘制基本型前、后腰围的结构线，利用【多段线】命令🔁绘制小档和大档的结构线，如图 7-7 所示。

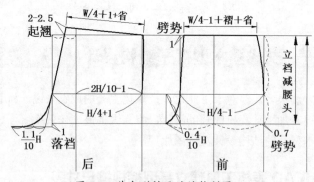

图 7-7　基本型裤子的结构制图 -3

技术专题

基型裤母板是裤子结构设计、变化的基础。通过基型板的绘制可以更多地了解人体与裤子之间的关系。在绘制过程中要特别注意以下结构点的取值及含义：①前门襟劈势的取值：A体型取1cm；Y体型取1.5cm；B体型取0.5cm；C体型取0cm；②前外侧缝劈势的取值：A体型的合体的裤型取0.7~1cm；贴体的裤型取0.5cm；③后档落档的取值：A体型的合体的裤型取1cm；贴体的裤型取1.2~1.5cm；宽松的裤型取0cm；④后中缝起翘量的取值：A体型的合体的裤型取2~2.5cm，臀腰差越大值越大；⑤后大档的位置：不同年龄、不同体型、不同结构风格的裤子大档的位置是不同的，年轻人的贴体的裤子大档从垂线处向外延伸，中老年的合体或宽松的裤子大档从斜线处向外延伸。

03 用【直线】命令 ✏ 绘制基本型前、后腰省及活褶，绘制前插袋和后袋，如图 7-8 所示。

04 用【直线】命令 ✏ 绘制基本型前、后脚口及中档，绘制内外侧缝的结构线，如图 7-9 所示。

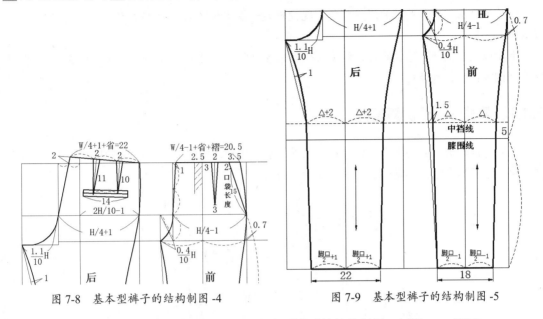

图 7-8 基本型裤子的结构制图 -4　　　　　　图 7-9 基本型裤子的结构制图 -5

05 绘制好腰头、口袋布等。规范标注，完成基本型裤子的结构制图，如图 7-10 所示。

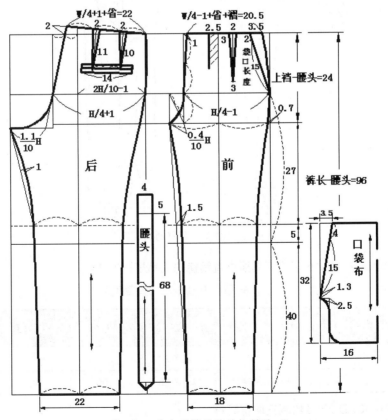

图 7-10 基本型裤子的结构制图 -6

7.3 核心案例——女式时装裤变化形式

时装裤是女式时装的重要组成部分，现代时装裤款式变化无穷、色彩丰富多彩、面料更是应有尽有。

下面以几款低腰、贴体修身、包裹人体效果较好的，并且结构相对复杂的实例逐步讲解时装裤的结构设计和打板技巧。

7.3.1 款式一：低腰直筒裤

直筒裤接近裤子的基本型，具有垂直的外轮廓，低腰造型的较多。裤腿从中裆至脚口为直筒型，穿上直筒裤会给人感觉两腿笔直，如图 7-11 所示。

图 7-11 低腰直筒裤的款式图

1. 利用 AutoCAD 2016 表格工具建立直筒裤的成品规格尺寸表

成品规格尺寸表　　　　　　号型：160/66A（直筒型）　　　　　　单位（cm）

分类　　　　部位	腰围	臀围	立裆	裤长	中裆	脚口
净尺寸	66	90	27-28	98		
成品尺寸	66	92-94	27-28	100	40	36

2. 利用 AutoCAD 2016 绘制低腰直筒裤

操作步骤

01 利用【直线】命令 ✎ 绘制低腰直筒裤的框架结构图。①绘制上平线、下平线；②绘制臀围线、底裆线、中裆线；③绘制前、后腿中线；④绘制小裆和大裆的辅助线，如图7-12所示。

02 ①绘制前、后腰省；②绘制前、后脚口的大小，如图7-13~图7-15所示。

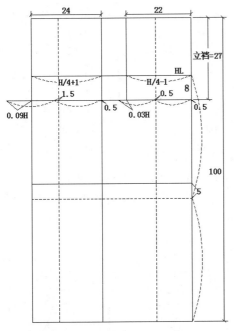

图7-12　低腰直筒裤的绘图步骤一

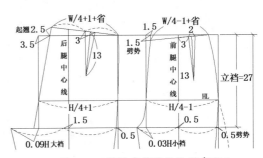

图7-13　低腰直筒裤的绘图步骤二

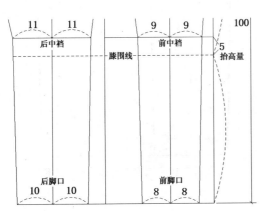

图7-14　低腰直筒裤的绘图步骤三

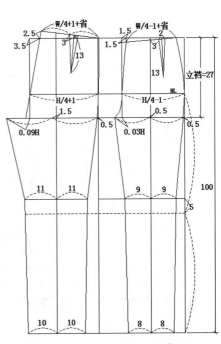

图7-15　低腰直筒裤的绘图步骤四

03 利用【直线】命令 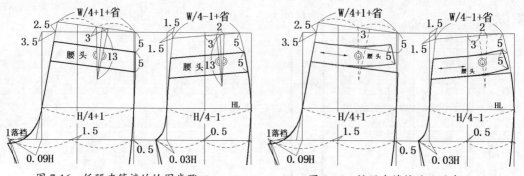、【圆弧】命令 、【多段线】命令 绘制低腰直筒裤的结构线。①绘制前后片低腰腰头；②绘制小裆、大裆结构线；③合并省道，化省为育克，将腰头外止口线画圆顺，如图 7-16 和图 7-17 所示。

图 7-16　低腰直筒裤的绘图步骤四　　　　图 7-17　低腰直筒裤的绘图步骤五

04 利用【直线】命令 、【圆弧】命令 、【多段线】命令 绘制低腰直筒裤的结构线。①绘制前插袋、前门襟、前里襟、前皮带袢等配件；②绘制后袋和后皮带袢等配件；③规范标注，完成低腰直筒裤的结构制图，如图 7-18 和图 7-19 所示。

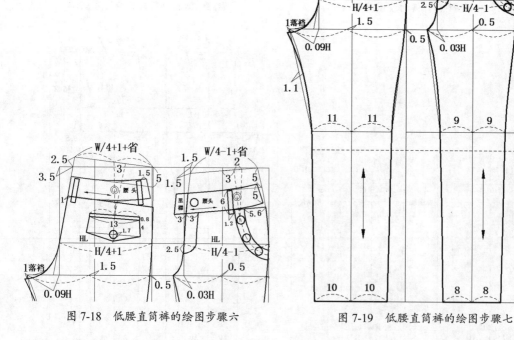

图 7-18　低腰直筒裤的绘图步骤六　　　　图 7-19　低腰直筒裤的绘图步骤七

技术专题

根据人体结构与裤子之间的关系，在绘制低腰贴体的裤型过程中，要特别注意以下结构点的取值及含义：①成品腰围一定要取净尺寸；臀围根据设计风格和面料特性定松量，贴体结构风格的且面料具有较好弹性的臀围松量可以取零，高弹力的面料可以取负值，例如取-1cm、-2cm。除了弹性外还要看面料的让性及回弹性的好坏；②腰线降低量根据流行趋势和设计风格来定，多数情况降低3~6cm，6cm基本到达人体胯部，属于比较大胆的风格；③前门襟劈势的取值：A体型取1.5cm，Y体型取2cm，B体型取1cm，C体型取0；④前外侧缝和后外侧缝的劈势取值均为0.5cm；⑤贴体、紧身的裤型是将人体腿部的中线绘制出来，而不是像基型裤、正装西裤等合体风格的裤型绘制烫迹线，根据人体腿部的结构关系，前腿中线在前横裆的1/2处向外侧缝偏移0.5cm，后腿中线在后横裆的1/2处向外侧缝偏移1.5cm；⑥后裆落裆的取值为0.7~1.2cm；⑦后中缝起翘量为2.5~3cm，臀腰差越大值越大；⑧前片小裆取值为0.3H/10cm，后片大裆的位置是从垂线处向外延伸，取值为0.9H/10cm；9.中裆的抬高量为4cm－5cm，目的是将小腿显长；⑩前、后腰省的取值：作为低腰贴体的裤型，前、后片腰省的设计多数是为省道转移设计的，通常情况下都会将前、后片腰省转移成育克，前片腰腹部处臀腰差较小，A体型的设计为1.5~2cm，Y体型的设计为2~2.5cm，B体型的设计为0.5~1cm，C体型的设计为0，后片腰臀部处臀腰差较大，A体型的设计为3~3.5cm，Y体型的设计为3.5~4cm，B体型的设计为2.5~3cm，C体型的设计为2~2.5cm。

7.3.2 款式二：低腰喇叭裤

现代的喇叭裤多为低腰造型，裤腰可降至胯部，臀部至大腿贴体，从中裆起逐步加大至脚口呈喇叭状，如图 7-20 所示。

图 7-20 低腰喇叭裤的款式图

1．利用 AutoCAD 2016 表格工具建立喇叭裤的成品规格尺寸表

成品规格尺寸表　　　　　　号型：160/66A（喇叭型）　　　　　　单位（cm）

分类 \ 部位	腰围	臀围	立裆	裤长	中裆	脚口
净尺寸	66	90	27-28	98		
成品尺寸	66	88	26	105	38	44

2．利用 AutoCAD 2016 绘制低腰喇叭裤

操作步骤

01 利用【直线】命令 ✏️ 绘制低腰喇叭裤的框架结构图。①绘制上平线、下平线；②绘制臀围线、底裆线、中裆线；③绘制前、后腿中线；④绘制小裆和大裆的辅助线，如图 7-21 所示。

02 ①绘制裤前、后腰省；②绘制前后脚口、前后中裆的大小，如图 7-22~图 7-24 所示。

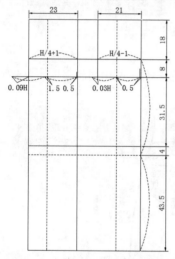

图 7-21　低腰喇叭裤的绘图步骤一

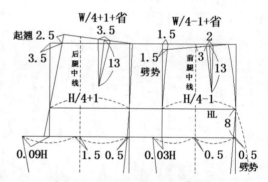

图 7-22　低腰喇叭裤的绘图步骤二

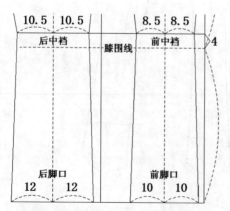

图 7-23　低腰喇叭裤的绘图步骤三

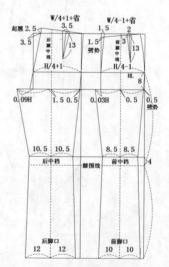

图 7-24　低腰喇叭裤的绘图步骤四

03 利用【直线】命令✐、【圆弧】命令✐、【多段线】命令↩绘制低腰喇叭裤的结构线。①绘制前后片低腰腰头；②绘制小裆、大裆结构线；③合并省道，化省为育克，将腰头外止口线画圆顺，如图 7-25 和图 7-26 所示。

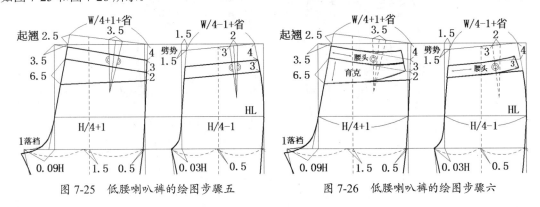

图 7-25 低腰喇叭裤的绘图步骤五   图 7-26 低腰喇叭裤的绘图步骤六

04 利用【直线】命令✐、【圆弧】命令✐和【多段线】命令↩绘制低腰喇叭裤的结构线。①绘制前插袋、前门襟、前里襟、前皮带袢等配件；②绘制后袋和后皮带袢等配件；③规范标注，完成低腰喇叭裤的结构制图，如图 7-27 和图 7-28 所示。

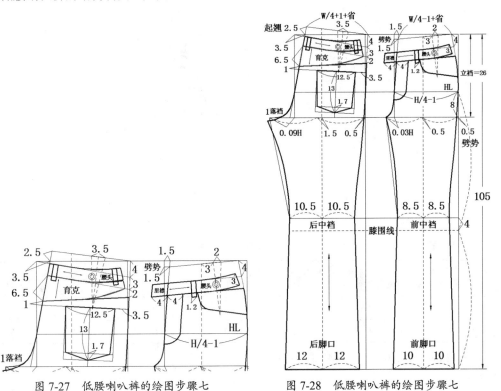

图 7-27 低腰喇叭裤的绘图步骤七   图 7-28 低腰喇叭裤的绘图步骤七

7.3.3 款式三：贴体中裤

中裤一般长度在膝盖部附近，其长度和裤型根据流行趋势确定。长度上有所谓的九分裤和七分裤，款式上有灯笼裤、紧身中裤和休闲中裤等，如图 7-29 所示。

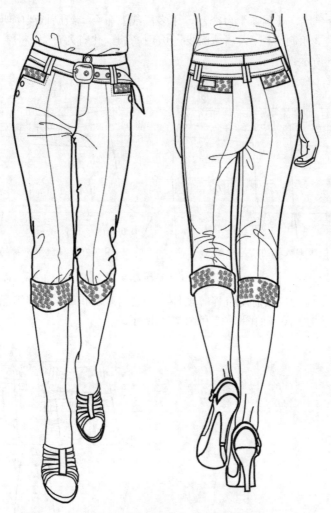

图 7-29　贴体中裤的款式图

1. 利用 AutoCAD 2016 表格工具建立中裤的成品规格尺寸表

成品规格尺寸表　　　　　　　　　　　号型：160/66A（中裤裤型）　　　　　　　　单位（cm）

分类 \ 部位	腰围	臀围	立裆	裤长	中裆	脚口
净尺寸	66	90	27-28	98		
成品尺寸	66	92	27	72.5	40	38

2. 利用 AutoCAD 2016 绘制低腰中裤

操作步骤

01 调用基型裤结构样板，利用计算机将基型样板调整为低腰中裤的框架，如图 7-30 所示。

02 利用【直线】命令 、【圆弧】命令 和【多段线】命令 绘制低腰中裤的结构线。①绘制前后片低腰腰头；②绘制小裆、大裆结构线；③合并省道，化省为育克，将腰头外止口线画圆顺，如图 7-31 和图 7-32 所示。

03 规范标注，完成低腰贴体中裤的结构制图，如图 7-33 所示。

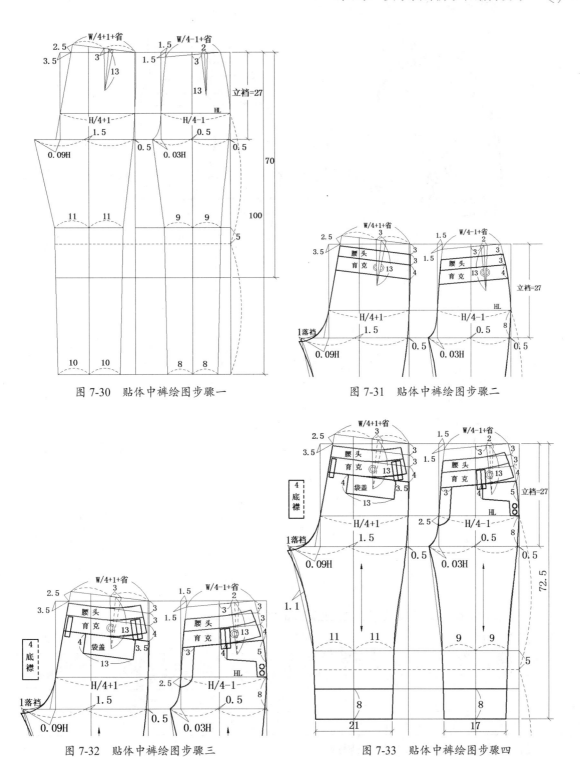

图 7-30 贴体中裤绘图步骤一

图 7-31 贴体中裤绘图步骤二

图 7-32 贴体中裤绘图步骤三

图 7-33 贴体中裤绘图步骤四

7.3.4 款式四：低腰短裤

短裤具有年轻、活泼、轻快的感觉，紧身的、宽松的变化多样，如图 7-34 所示。

图 7-34　贴体短裤的款式图

1. 利用 AutoCAD 2016 表格工具建立短裤的成品规格尺寸表

成品规格尺寸表　　　　　　　　　号型：160/66A（短裤裤型）　　　　　　单位（cm）

分类　　　　部位	腰围	臀围	立裆	裤长	脚口	备注
净尺寸	66	90	27-28	98		
成品尺寸	66	92	27	36	57	

2. 利用 AutoCAD 2016 绘制低腰短裤

操作步骤

01 启动 AutoCAD 2016，调用低腰贴体基型裤结构样板，通过基型裤样板可以快速绘制低腰贴体短裤的结构图，大大提高工作效率。利用计算机将基型样板调整为低腰短裤的框架，如图 7-35

所示。

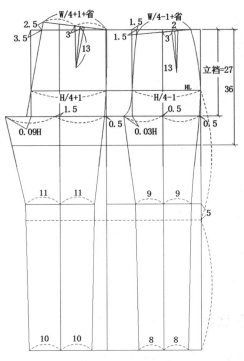

图 7-35　贴体短裤绘图步骤一

02 利用【直线】命令 ✐、【圆弧】命令 ⌒、【多段线】命令 ⤴ 绘制低腰短裤的结构线。①绘制前后片低腰腰头；②绘制小裆、大裆结构线；③合并省道，化省为育克，如图 7-36 所示。

03 将腰头外止口线画圆顺，规范标注，完成低腰贴体短裤的结构制图，如图 7-37 所示。

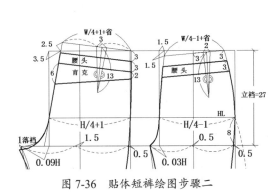

图 7-36　贴体短裤绘图步骤二

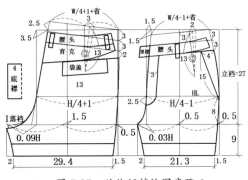

图 7-37　贴体短裤绘图步骤三

7.4　核心进阶案例——女式变化型裤子结构设计

本节核心案例以 AutoCAD 2016 软件为主，利用款式、结构比较复杂的女式时装裤的设计案例，通过 AutoCAD 2016 更进一步、更加详细地去解析如何利用基本型进行时装裤设计，让读者更加深入地学会通过计算机快速、准确地进行服装样板设计。

现代服装设计，重点在于女性造型线条，强调女性凸凹有致、形体柔美的曲线，在板型设计中突出体现女性独特的魅力，下面以三款时装裤为例一一讲解，如图 7-38 所示。

图 7-38　流行时装裤的款式图

7.4.1　款式一：垂褶时装裤

该款裤装利用基本裤型变化而来，裤子两侧做悬垂波浪褶设计。悬垂波浪褶通过加褶法剪开展开而获得，裤管及脚口比较细小而贴体，时尚感强，如图 7-39 所示。

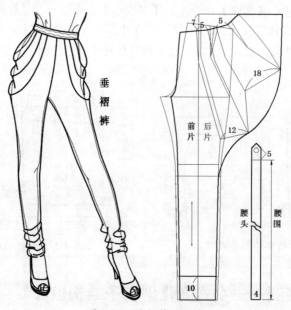

图 7-39　垂褶裤的设计

调用时装裤的基础母板，利用 AutoCAD 2016 实用工具进行结构图绘制，绘制步骤如下。

操作步骤

01 利用【直线】命令、【圆弧】命令及【多段线】命令绘制结构线。

02 准确标注尺寸，如图 7-40 所示。

03 绘制款式线，前后片剪开展开，规范标注，完成结构图，如图 7-41 所示。

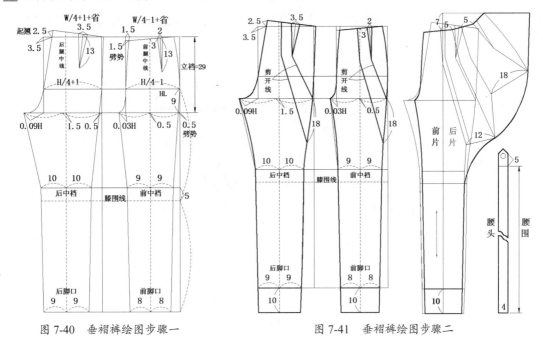

图 7-40　垂褶裤绘图步骤一　　　　　图 7-41　垂褶裤绘图步骤二

7.4.2　款式二：时装裙裤

该款裤装利用基本裤型变化而来，看似裙子但结构上是裤子，有立裆、门襟、叠门、里襟等裤子的构成要素，并在前辑设计分割线、明线大大丰富了前片，如图 7-42 所示。

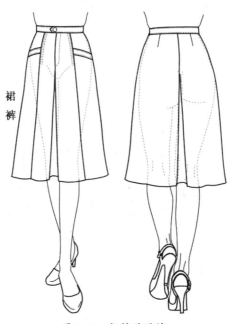

图 7-42　裙裤的设计

利用 AutoCAD 2016 实用工具进行结构图绘制，绘制步骤如下。

操作步骤

01 先绘制相应的款式线和结构线：利用【直线】命令 、【圆弧】命令 和【多段线】命令
绘制结构线和款式线。

02 规范标注，完成结构图，如图 7-43 所示。

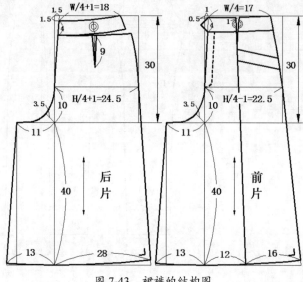

图 7-43 裙裤的结构图

7.4.3 款式三：时装马裤

该款裤装利用基本裤型变化而来，类似马裤的造型，脚口收小，系上带子起装饰作用，如图 7-44
所示。

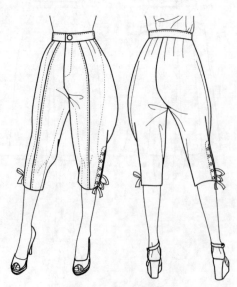

图 7-44 马裤的设计

　　利用 AutoCAD 2016 实用工具进行结构图绘制，绘制步骤如下。

操作步骤

01 先绘制相应的款式线和结构线：利用【直线】命令、【圆弧】命令和【多段线】命令绘制结构线和款式线。

02 准确标注尺寸，完成结构图，如图 7-45 所示。

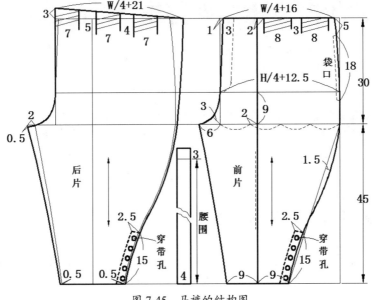

图 7-45　马裤的结构图

7.5　本章小结

　　本章主要为理论和实践相结合的教学，是要重点掌握的内容。

　　1. 本章为结构设计裤子的应用篇，裤子既可以是独立的形式，也可以和衣身相连形成连体衣裤，如一些特殊场所穿着的工装等。本章以独立裤型为核心，以基本裤型为根本，对裤子的结构设计和变化做了一一讲解，读者可以通过基础运用和核心案例快速、熟练地掌握打制裤子样板的方法，利用 AutoCAD 2016 简单、快捷的功能，提高制图效率。

　　2. 结构设计（打制样板）最主要的是方法，有了正确的、系统的方法才能快速、准确地绘制出结构图。核心知识和核心案例中通过举例，将女式裤装结构设计与变化做了详细阐述，将裤腰、立裆、横裆、中裆、育克、横向分割、纵向分割、省道转移、展开抽褶打裥设计等都带入裤装成衣化设计领域中来。读者可以在案例中学会裤装样板（纸样）的快速绘制方法，并得到举一反三的能力。

第8章 女式连衣裙结构设计

本章导读

　　本章继续利用 AutoCAD 2016 软件以女式连身衣裙（连衣裙的结构设计）为例，将连体服装的结构设计原理及变化形式由浅到深、逐一分析讲解，让读者慢慢开始对连衣裙的构成和变化有所了解并学会、掌握变化要领，得到举一反三的能力。

本章知识点

◆　连衣裙结构设计技术与要点　　　　　◆　女式时装连衣裙变化形式
◆　女式基本型连衣裙设计　　　　　　　◆　女式连衣裙的变化形式

8.1 连衣裙结构设计技术与要点

　　在本节中，我们将重点学习通过间接法中的基本型，将女式上衣和裙子连接成一体的制图方法，读者能够在本章中学会连衣裙的打板技术，这是一个全新的领域。下面通过 AutoCAD 2016 就女式连衣裙的结构设计与变化进行详细介绍。

8.1.1 连衣裙的结构制图与样板

　　连衣裙就是将女式上衣的前后衣身与裙子连接成一体的服装。连衣裙的款式变化丰富，是设计师最钟爱的服装形式。横向分割、纵向分割、紧身贴体、宽松飘逸，整体视觉冲击力非常强。由于变化无穷，又是上下连接的，所以整体结构也单件服装复杂得多，结构设计师（打板师）必须更深入了解人体的基本结构，熟悉人体的表面特征，快速、准确地通过计算机来完裤子的纸样设计。

　　在工业化、批量化成衣的设计中，利用基本型进行款式设计和结构设计是最方便、快捷的，加上 CAD/CAM 的运用大大提高了设计师的工作效率，设计师有了更多的时间进行款式设计和结构设计。

1. 连衣裙的分类

　　连衣裙是现代女性服装中占重要地位的品种，不同年龄的女性都可穿着。它的款式从日常生活装到职业装，从晚装、礼服到婚纱应有尽有。特别是一些高科技的新型纺织物的出现，对于女性连衣裙增色不少，蕾丝、纱等装饰性材料的运用使之更加华丽、耀眼，所以备受女式的喜爱。连衣裙发展到现在，款式、色彩及面料越来越丰富，其分类主要以外部轮廓线来分类，可分为三大类型，分别是：A 型、X 型、H 型，如图 8-1 所示。

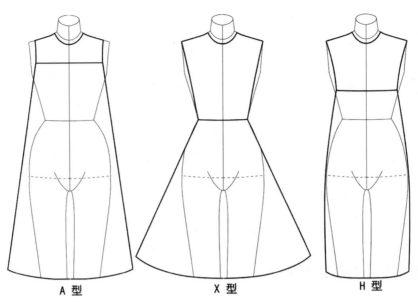

图 8-1 连衣裙的外形一

另外是从内部结构线分类，主要有两种分类方式：一是纵向分割线，二是横向分割线。纵向分割线常见的有公主线、刀背缝，这两种内部结构线最能塑造女性优美的曲线，所以常常被一些贴体、修身的连身服装所采用，如晚装、礼服和婚纱等；横向分割线更多的是用于款式造型，增加款式上的变化，如化省为育克、化省为褶或裥等加强装饰效果，如图 8-2 所示。

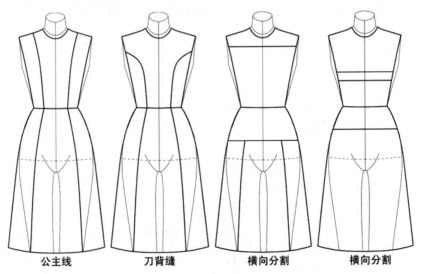

图 8-2 连衣裙的外形二

2. 连衣裙的款式设计

连衣裙特别能展示女性的风采，不同的场所都适合穿着，设计师可以尽情发挥自己的想象力，创作出更多、更时尚的连衣裙来，如图 8-3 所示。

图 8-3　连衣裙的款式图

8.1.2　连衣裙的结构设计原理

连衣裙的基本结构主要有两种，一种是有腰线的上装和下装分离的；另一种是无腰线的上下装成为整体的。

1．有腰线的连衣裙

有腰线的连衣裙是指衣身和裙片在腰部断开，工艺上最后加缝份缝合在一起。在人体自然腰围线位置断开的叫"中腰节连衣裙"，在人体自然腰围线以上位置断开的叫"高腰节连衣裙"，在人体自然腰围线以下位置断开的叫"低腰节连衣裙"，如图 8-4 所示。

图 8-4　连衣裙的款式图

2．无腰线的连衣裙

无腰线的连衣裙是指衣身和裙片连成一体，上衣和裙子之间无接缝。无腰线的连衣裙整体性强，线条流畅。结构上通过收省、开刀、抽褶和打裥等手法可以设计出丰富多彩的、飘逸感强的时尚连衣裙，如图 8-5 所示。

图 8-5　连衣裙的款式图

8.2　核心案例——女式基本型连衣裙

连衣裙的结构制图方法很多，但对于工业化、批量化生产的成衣来说，利用间接法中的基本型法制图更准确、更快捷。加上计算机的辅助设计，将大大提高工作效率。

下面逐步介绍基本型连衣裙的结构设计及制图原理。

8.2.1　建立连衣裙基型规格尺寸表

制作连衣裙基本型的规格尺寸表。

成品规格尺寸表　　　　　　　　号型：160/84A（基本型）　　　　　　　　单位（cm）

部位 分类	胸围	腰围	臀围	背长	前腰节	总肩宽	颈围	裙长	备注
净尺寸	84	66	90	38		40	33.5		
成品尺寸	92	70	92		41		36	55	

8.2.2　绘制里连衣裙的基型

操作步骤

01 启动 AutoCAD 2016，用【直线】命令 ✐ 绘制连衣裙基本型的框架结构图：①上平线、下平线；②胸围线、前胸宽线、后背宽线；③ 前腰节线；④臀围线、中臀线、臀长线，如图 8-6 所示。

02 绘制连衣裙基本型的外部结构点：①绘制前横开领找到前SNP、绘制前直开领找到FNP；②绘制前肩宽和前肩高找到SP；③绘制后横开领找到后SNP、绘制后直开领找到BNP；④绘制后肩宽和后肩高找到SP，如图8-7所示。

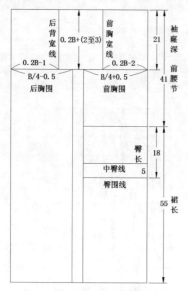

图8-6 连衣裙的基本型绘图步骤一

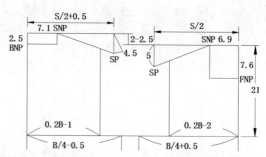

图8-7 连衣裙的基本型绘图步骤二

03 绘制连衣裙基本型的内部结构点：①利用【直线】命令✎以前SNP为起始点，经过前胸宽1/2向下的延伸线上用【捕捉最近点】命令🔗捕捉最近点，输入24.5cm找到胸乳点的位置，绘制好中间体的BP；②通过【角平分】工具绘制前后袖窿的凹点；③通过【定数等分】工具绘制前领窝、后领窝结构点；④找到前SP2，绘制好前肩斜线和后肩斜线，如图8-8所示。

04 绘制连衣裙基本型的省道线辅助线：①利用【直线】命令✎从侧缝至BP绘制一条剪开线（起始点低于BP省道造型最好）；②通过量取角度和剪展开的方法做省道转移，得到一个胸腰省和一个侧缝省，如图8-9所示。

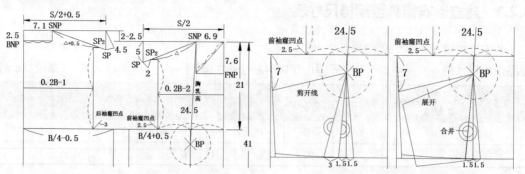

图8-8 连衣裙的基本型绘图步骤三　　　　图8-9 连衣裙的基本型绘图步骤四

05 绘制连衣裙基本型的前侧缝线和后侧缝线的辅助线：①中间体成衣的胸腰差为5.5cm，胸腰省的量取最大4cm，造型效果最好，余下1.5cm给到侧缝；②测量出前侧缝的长度即可绘出后侧缝，如图8-10所示。

06 绘制连衣裙基本型裙片的外部结构点和内部结构线的辅助线：①绘制前腰节线；②绘制后腰节线；③绘制后背省和后中心线，如图8-11所示。

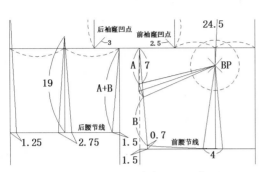

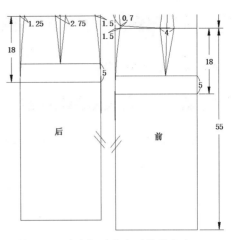

图 8-10　连衣裙的基本型绘图步骤五　　　图 8-11　连衣裙的基本型绘图步骤六

技术专题

连身衣裙与单件上衣在取值上有许多不同，需要特别注意：①成衣结构设计中胸臀取值上，胸围取值尽量接近臀围，即中间体的臀围为90cm，胸围取值为88~90cm，这样造型效果最好；②腰围的取值根据款式和穿着要求来确定松量，最小值可以为0；③围绕胸乳各省量的取值首先用人体的臀腰差（90cm－66cm=24cm）来确定，再将24/4的一半作为转移成其他省的量；④成衣上省量的取值按照成衣的胸腰差来确定，胸腰省为最大，从前到后逐渐减小，目的是突出胸满，达到女性优美曲线的造型效果；⑤后腰节依据前腰节在前侧缝减去侧缝省量而得到，在款式和结构上都可以抬高或降低；6.后侧缝的长度根据前侧缝的长度绘制。

07 绘制连衣裙基本型的外部结构线和内部结构线，规范标注，完成连衣裙基本型结构图的绘制，如图 8-12 所示。

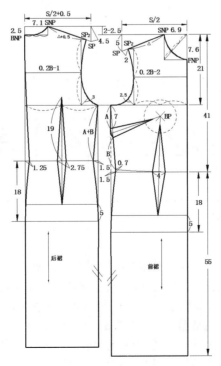

图 8-12　连衣裙的基本型绘图步骤七

8.3 核心案例——女式时装连衣裙变化形式

下面以几款不同造型的连衣裙作为实例，逐步讲解连衣裙的结构设计和打板技巧。

8.3.1 款式一：圆领无腰线的连衣裙

设计如图 8-13 所示的圆领无腰线的连衣裙。

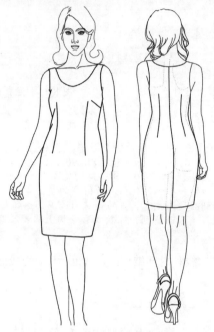

图 8-13 连衣裙的款式图

1. 利用 AutoCAD 2016 表格工具建立连衣裙的成品规格尺寸表

成品规格尺寸表　　　　　　　号型：160/84A （圆领无腰线型）　　　　　　　单位（cm）

部位 分类	胸围	腰围	臀围	背长	前腰节	总肩宽	颈围	裙长	备注
净尺寸	84	66	90	38		40	33.5		
成品尺寸	90	70	94		41		36	50	

2. 绘制圆领无腰线连衣裙

操作步骤

01 启动 AutoCAD 2016，调出连衣裙的基本型，如图 8-14 所示。

02 利用 AutoCAD 2016 和连衣裙基本型，快速绘制圆领无腰线连衣裙的上身结构图：①在连衣裙的基型图上，将上衣的前后片胸围缩小 0.5cm，使该款成品胸围设计成 90cm（比较合体的量），调整袖窿底线，将基本型的袖窿底线抬高 1.5~2cm（原因是该款式无袖），得到新的袖窿底线；②找到新的袖窿弧线的切点，快速将前后新的袖窿弧线绘制好；③根据款式图设定好前后横开领和直开领尺寸，快速绘制好前后领窝弧线；④用虚线绘制前后片的贴边，如图 8-15 所示。

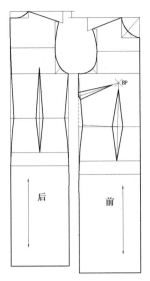

图 8-14　连衣裙的基本结构图

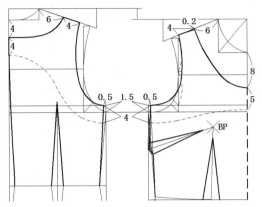

图 8-15　圆领无腰线连衣裙的制图步骤一

技术专题

无袖无领的连身衣裙在结构制图时应注意：①前横开领取值根据人体结构关系即锁骨与斜方肌相交处形成的凹点上设计结构点最科学，SNP 至凹点的距离中间体为 6~7cm，同时在肩斜线上降低 0.2cm，使之更复贴；②无袖上身衣片的袖窿深要做调整，抬高 1.5~2cm 较为合适。

03 绘制圆领无腰线连衣裙的下身结构图：①在连衣裙的基型图上，将下身裙子的前后片臀围放大 0.5cm，使该款成品臀围设计成 94cm（比较合体的量）；②裙下摆侧缝内收 1.5cm、抬高 1.5cm，有包裹效果；③为了便于行走在后中缝下摆处设计 15cm 的裙衩，如图 8-16 所示。

04 规范标注完成连衣裙的结构制图，如图 8-17 所示。

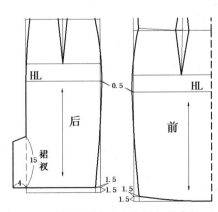

图 8-16　圆领无腰线连衣裙的制图步骤二

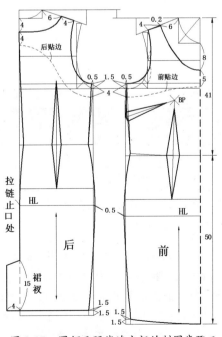

图 8-17　圆领无腰线连衣裙的制图步骤三

8.3.2 款式二：立领有腰线的连衣裙

设计如图 8-18 所示的立领有腰线的连衣裙。

图 8-18　立领有腰线连衣裙的款式图

1. 建立连衣裙的成品规格尺寸表

成品规格尺寸表　　　　　　　号型：160/84A （立领有腰线型）　　　　　　单位（cm）

分类　　部位	胸围	腰围	臀围	背长	前腰节	总肩宽	颈围	裙长	备注
净尺寸	84	66	90	38		40	33.5		
成品尺寸	88	68	92		41		36	90	

2. 利用 AutoCAD 2016 绘制立领有腰线连衣裙

操作步骤

01 启动 AutoCAD 2016，调出连衣裙的基本型，如图 8-19 所示。

02 用 AutoCAD 2016 和连衣裙基本型，快速绘制立领有腰线连衣裙的上身结构图。在连衣裙的基型图上将上衣的前后片胸围缩小 1cm，使该款成品胸围设计成 88cm（较为贴体的量），调整袖窿底线，将基本型的袖窿底线抬高 1.5~2cm（原因是该款式无袖），得到新的袖窿底线。

03 根据档差值设定原理重新绘制前胸宽线、后背宽线。

04 找到新的袖窿弧线的切点，快速将前后新的袖窿弧线绘制好，如图8-20所示。

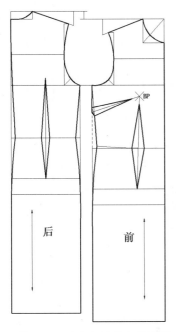

图 8-19　连衣裙的基本结构图

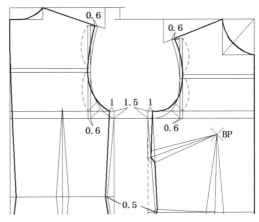

图 8-20　立领有腰线连衣裙的绘图步骤一

技术专题

此款连衣裙从结构上分析是较贴体的风格，运用基本型结构设计原理绘制该款结构图快速、准确、方便，在绘制的过程中应注意以下要点：①成品胸围、腰围、臀围的取值：胸围加4cm、腰围加2cm、臀围加2cm，在基本型上胸围缩小了一个档差值，与之相应的结构点都要缩小一个档差值，前胸宽、后背宽档差值为0.6cm，总肩宽的档差值为1.2cm；②要做省道设计时，一定要先把省尖移到中枢圆心上去再做转移。

05 绘制内外结构线：①前片通过量取角度和剪开旋转的方法先将腋下省转移至袖窿，然后将其转化成刀背缝；②后片利用【多段线】命令 将后背省转化成刀背缝；③绘制装饰腰带的位置，将腰带合并为整块；④根据臀围和裙长尺寸绘制好裙片，如图8-21~图8-23所示。

06 规范标注完成连衣裙的结构制图，如图8-24所示。

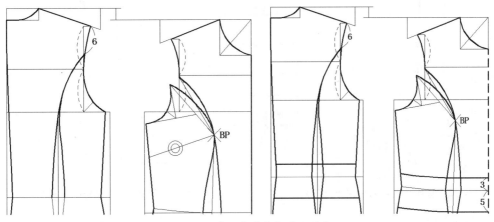

图 8-21　立领有腰线连衣裙的绘图步骤二

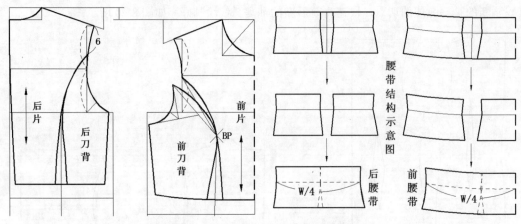

图 8-22　立领有腰线连衣裙的绘图步骤三

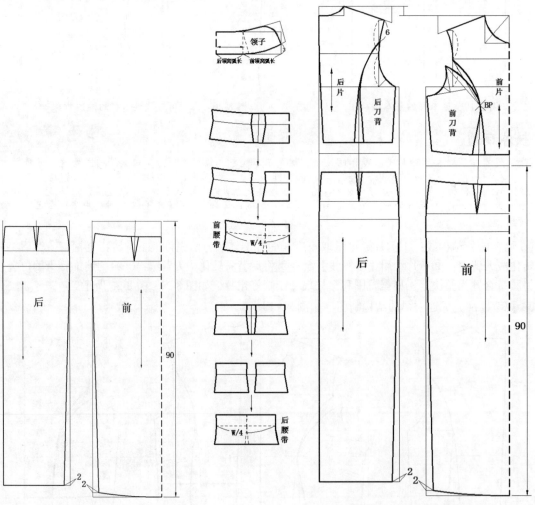

图 8-23　立领有腰线连衣裙的绘图步骤三　　　　图 8-24　立领有腰线连衣裙的结构图

8.3.3 款式三：长袖高领连衣裙

设计如图 8-25 所示的长袖高领连衣裙。

图 8-25 长袖高领连衣裙的款式图

1. 建立连衣裙的成品规格尺寸表

成品规格尺寸表   号型：160/84A （长袖高领型）   单位（cm）

分类 \ 部位	胸围	腰围	臀围	背长	前腰节	总肩宽	领围	袖长	裙长	备注
净尺寸	84	66	90	38		40	33.5			
成品尺寸	90	68	92		41		36	56	50	

2. 绘制长袖高领连衣裙

操作步骤

01 启动 AutoCAD 2016，调出连衣裙的基本型，如图 8-26 所示。

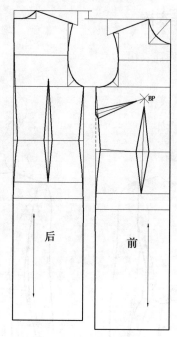

图 8-26　连衣裙的基本结构图

02 在连衣裙的基型图上，将上衣的前后片胸围缩小 1cm，使该款成品胸围设计成 88cm（较为贴体的量）。

03 根据档差值设定原理重新绘制前胸宽线、后背宽线。

04 找到新的袖窿弧线的切点，快速将前后新的袖窿弧线绘制好，如图 8-27 所示。

05 将衣身上的省转化成刀背缝，如图 8-28 所示。

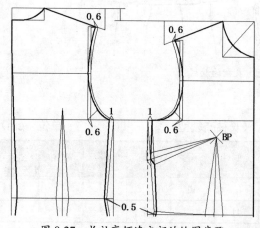

图 8-27　长袖高领连衣裙的绘图步骤一

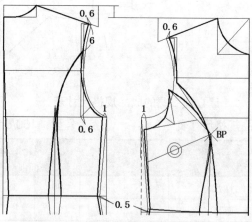

图 8-28　长袖高领连衣裙的绘图步骤二

06 通过量取角度和剪开旋转方法，将胸腰省的量转移至前领口处，补正前领窝弧线，化省为碎褶。转移一半为稀碎褶，全部转移为密碎褶，视所追求的效果而定，如图 8-29 和图 8-30 所示。

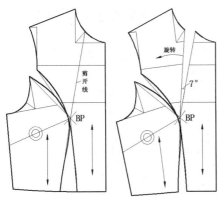

图 8-29 长袖高领连衣裙的绘图步骤三

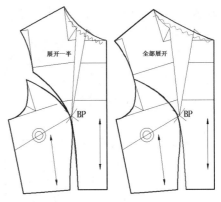

图 8-30 长袖高领连衣裙的绘图步骤四

07 将裙片上的省转化成裙摆，如图 8-31 和图 8-32 所示。

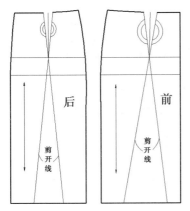

图 8-31 长袖高领连衣裙的绘图步骤五

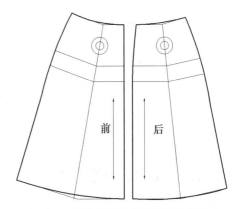

图 8-32 长袖高领连衣裙的绘图步骤六

08 绘制袖片，该款袖子是以一片袖的基本型为基础框架，袖山高增加 1.5~2cm 使袖子结构趋于贴体，为了解决手臂弯曲的弧度，将一片袖分解成两部分，从结构图上看类似两片袖（大小袖）的构成形式，这种构成形式虽然比不上真正两片袖的造型效果，但它的构成形式相对简单，制图快捷，对于一些结构、工艺相对简单的时装非常适合，如图 8-33 和图 8-34 所示。

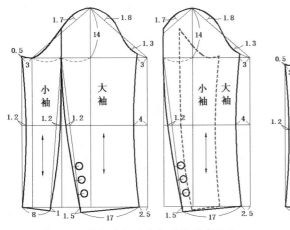

图 8-33 长袖高领连衣裙的绘图步骤七

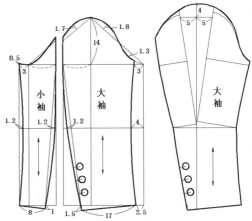

图 8-34 长袖高领连衣裙的绘图步骤八

09 绘制领子、腰带和蝴蝶结，正确标记完成整个成长袖高领连衣裙的结构制图，如图 8-35 所示。

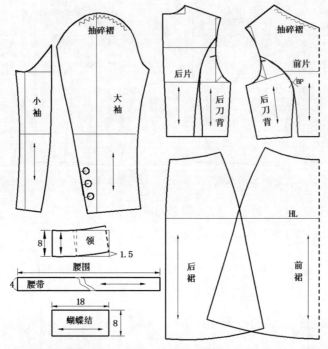

图 8-35　长袖高领连衣裙的绘图步骤九

8.3.4　款式四：平领瓦袖连衣裙

设计如图 8-36 所示的平领瓦袖连衣裙。

图 8-36　平领瓦袖连衣裙的款式图

1. 建立连衣裙的成品规格尺寸表

分类 \ 部位	胸围	腰围	臀围	背长	前腰节	总肩宽	颈围	衣裙长	备注
净尺寸	84	66	90	38		40	33.5		
成品尺寸	90	70	94		41		36	90	

成品规格尺寸表　　号型：160/84A（平领瓦袖低腰型）　　单位（cm）

2. 绘制平领瓦袖连衣裙

操作步骤

01 启动 AutoCAD 2016，利用【直线】命令绘制连衣裙衣身的基本框架，胸围取较合体的松量为84cm+6cm=90cm，前片大0.5cm，后片小0.5cm，袖窿深取较合体的量为0.2B+（2-3）=20~21cm，如图8-37所示。

02 绘制连衣裙衣身的前、后片的结构点；找到胸乳点的正确位置；用人体净尺寸的臀腰差做第一次省道转移，绘制好相应的辅助线，如图8-38所示。

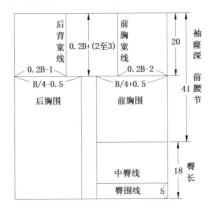

图 8-37　平领瓦袖连衣裙的结构制图步骤一

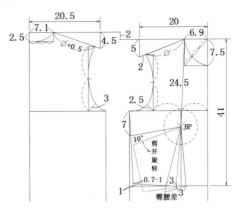

图 8-38　平领瓦袖连衣裙的结构制图步骤二

03 绘制叠门、纽扣、平领的结构线，将腋下省转移至前领口处，如图8-39所示。

04 根据款式图找到胸部款式线，化省为分割线，前片分割成三部分，完成前片侧缝线，根据前片绘制好后片的结构线，标注尺寸，完成衣身的结构图，如图8-40所示。

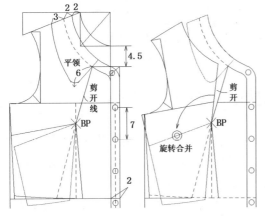

图 8-39　平领瓦袖连衣裙的结构制图步骤三

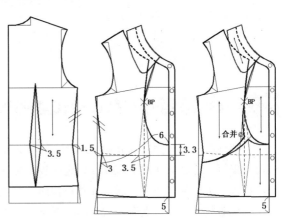

图 8-40　平领瓦袖连衣裙的结构制图步骤四

05 绘制瓦袖，通过测量得到 AH 前 =20.4cm，AH 后 =20.3cm，AH 总长 =40.7cm；袖山高取一个合体的量 13cm，用绘制一片袖基本型的方法绘制该瓦袖的基本框架，然后绘制袖山弧线大于袖窿弧线 2~2.5cm，最后在基本型上取袖长 10cm 即可，如图 8-41 所示。

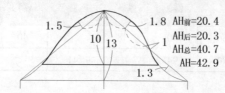

图 8-41　平领瓦袖连衣裙的结构制图步骤五

06 绘制裙子，该款的接裙由 8 片组成，接在中臀线上，结构相对比较简单，前、后裙根据衣身的大小而定，摆量自定义，面料纱向正对裙片中心线，不能偏移，如图 8-42 所示。

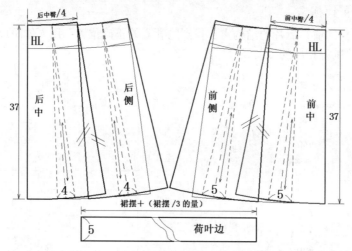

图 8-42　平领瓦袖连衣裙的结构制图步骤六

技术专题

该款连身衣裙的结构相对比较复杂，在结构设计时应特别注意：①前横开领和直开领加宽、加深，SNP 和 FNP 的取值要准确，成衣的 SNP 必须在肩斜线上找；②最复杂的是前衣身，通过两次省道的转移才能准确地绘制好分割线，比较特体的连身衣裙第一次做省道转移的量最好取人体臀腰差，该款结构设计采用的是女性中间标准体的尺寸，臀围 90cm、腰围 66cm、臀腰差为 24cm，1/4 臀腰差为 6cm，将 1/4 臀腰差为 6cm 分成两等份，留一半做胸腰省，另一半作转移用，这样分配对于比较贴体的时装立体感强、胸部造型效果最好；③低腰接裙设计在中臀线以上视觉效果最好，最好不要在臀围线上，在臀围线上会感觉身长腿短，接裙可采用四片、八片、十六片或斜裙，各有各的风格，根据设计意图决定，裙摆大小自定义，但要特别注意面料纱向。

8.4　核心案例——女式变化型连衣裙结构设计

　　本节核心进阶案例以 AutoCAD 2016 软件为主，利用款式、结构比较复杂的女式时装连衣裙的设计案例，通过 AutoCAD 2016 更进一步、更加详细地解析如何利用基本型进行时装连衣裙设计，让读者更加深入地学会通过计算机快速、准确地进行服装样板设计的方法。

　　现代服装设计，重点在于女性造型线条，强调女性凸凹有致、形体柔美的曲线，在板型设计中突出体现女性独特的魅力，下面以三款时装连衣裙为例进行详细讲解，如图 8-43 所示。

图 8-43　不同风格时装连衣裙的款式图

8.4.1　款式一：单肩时装连衣裙

设计如图 8-44 所示的单肩时装连衣裙。

图 8-44　单肩连衣裙的款式图

服装结构设计与实战

1. 建立连衣裙的成品规格尺寸表

成品规格尺寸表　　　　号型：160/84A（单肩型）　　　　单位（cm）

分类＼部位	胸围	腰围	臀围	背长	前腰节	总肩宽	颈围	衣裙长	备注
净尺寸	84	66	90	38		40	33.5		
成品尺寸	88	70	94		41			86	

2. 绘制单肩时装连衣裙

操作步骤

01 启动 AutoCAD 2016，利用【直线】命令绘制连衣裙衣身的基本框架，胸围取较贴体的松量为84cm+4cm=88cm，前片大0.5cm，后片小0.5cm，袖窿深取较合体的量0.2B+（1-2）=18.6~19.6cm，如图8-45所示。

02 绘制连衣裙衣身的前、后片的结构点；找到胸乳点的正确位置；用人体净尺寸的臀腰差做第一次省道转移，绘制好相应的辅助线，如图8-46所示。

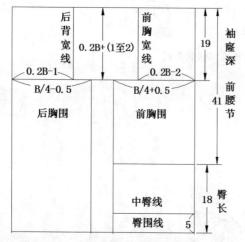 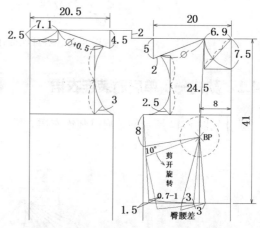

图 8-45　单肩时装连衣裙的绘图步骤一　　　　图 8-46　单肩时装连衣裙的绘图步骤二

03 做省道转移，将腋下省转移至肩上，如图8-47所示。

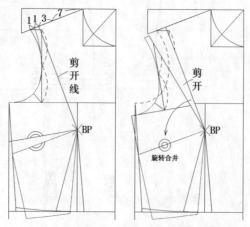

图 8-47　单肩时装连衣裙的绘图步骤三

04 根据款式图找到胸部款式线，化省为公主缝，前、后片各分割成两部分，完成前片侧缝线，根据前片绘制好后片的结构线，标注尺寸完成衣身的主要结构线，如图8-48和图8-49所示。

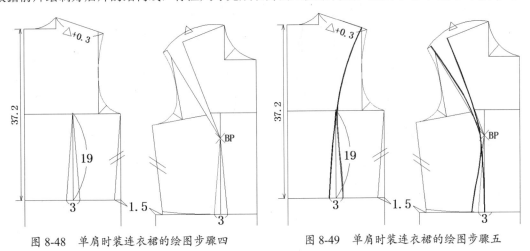

图8-48　单肩时装连衣裙的绘图步骤四　　　　图8-49　单肩时装连衣裙的绘图步骤五

05 衣身完成后根据衣身绘制好裙子，标注尺寸完成衣身和裙子的主要结构框架，如图8-50所示。

06 利用【镜像】命令⚖镜像前衣片，绘制好款式线和装饰线完成前片结构图，如图8-51所示。

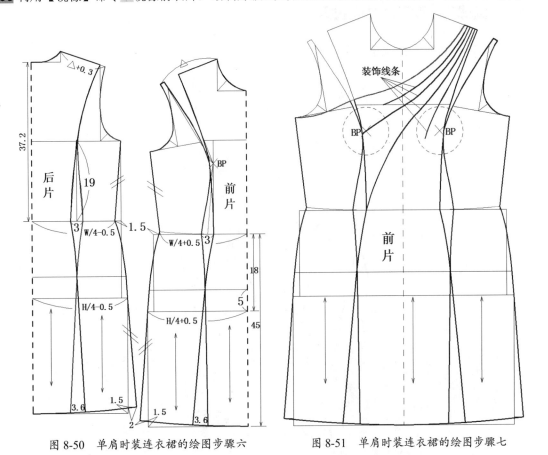

图8-50　单肩时装连衣裙的绘图步骤六　　　　图8-51　单肩时装连衣裙的绘图步骤七

07 利用【镜像】命令⚖镜像后衣片，绘制好结构线，完成后片结构图，如图8-52所示。

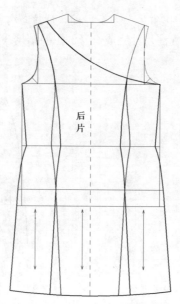

图 8-52　单肩时装连衣裙的绘图步骤八

8.4.2　款式二：荷叶肩带连衣裙

设计如图 8-53 所示的荷叶肩带连衣裙。

图 8-53　荷叶肩带连衣裙的款式图

1．建立连衣裙的成品规格尺寸表

成品规格尺寸表　　　　　　　号型：160/84A（荷叶肩带型）　　　　　　单位（cm）

分类＼部位	胸围	腰围	臀围	背长	前腰节	总肩宽	颈围	衣裙长	备注
净尺寸	84	66	90	38		40	33．5		
成品尺寸	88	70	94		41			86	

2．绘制荷叶肩带连衣裙

操作步骤

01 启动 AutoCAD 2016，利用【直线】命令 ✏ 绘制连衣裙衣身的基本框架，胸围取较贴体的松量为 84cm+4cm=88cm，前片大 0.5cm，后片小 0.5cm，袖窿深取较合体的量为 0.2B+（1-2）=18.6~19.6cm，如图 8-54 所示。

02 绘制连衣裙衣身的前、后片的结构点；找到胸乳点的正确位置；用人体净尺寸的臀腰差做第一次省道转移，绘制好相应的辅助线，如图 8-55 所示。

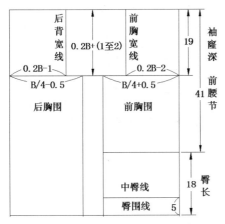

图 8-54　荷叶肩带连衣裙的绘图步骤一

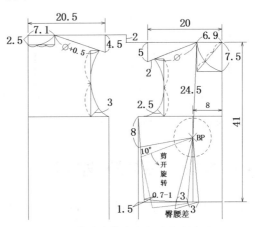

图 8-55　荷叶肩带连衣裙的绘图步骤二

03 做省道转移，将腋下省转移至肩上，如图 8-56 所示。

04 将前腰省全部转移至肩上，得到胸上围的缩减量，后片缩减量等于前片，如图 8-57 所示。

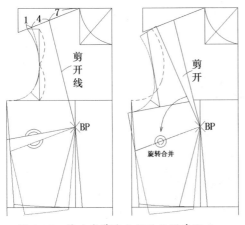

图 8-56　荷叶肩带连衣裙的绘图步骤三

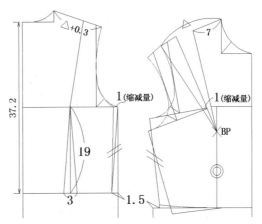

图 8-57　荷叶肩带连衣裙的绘图步骤四

05 化省为公主缝，前、后片各分割成两部分，完成前片侧缝线，根据前片绘制好后片的结构线，标注尺寸完成衣身的主要结构线，如图 8-58 所示。

06 根据衣身绘制好裙片的结构线，标注尺寸完成连衣裙的结构制图，如图 8-59 所示。

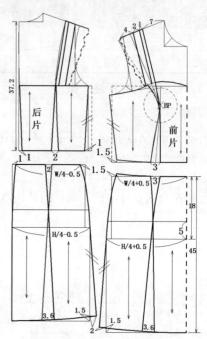

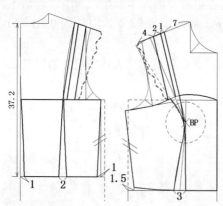

图 8-58　荷叶肩带连衣裙的绘图步骤五

图 8-59　荷叶肩带连衣裙的绘图步骤六

8.4.3　款式三：吊带背心连衣裙

设计如图 8-60 所示的吊带背心连衣裙。

图 8-60　吊带背心连衣裙的款式图

1．建立连衣裙的成品规格尺寸表

成品规格尺寸表　　　　　　　　　　号型：160/84A（吊带背心型）　　　　　　　单位（cm）

分类　＼　部位	胸围	腰围	臀围	背长	前腰节	总肩宽	颈围	衣裙长	备注
净尺寸	84	66	90	38		40	33.5		
成品尺寸	88	68	92		41			80	

2．利用 AutoCAD 2016 绘制吊带背心连衣裙

01 启动 AutoCAD 2016，利用【直线】命令✐绘制连衣裙衣身的基本框架，胸围取较贴体的松量为 84cm+4cm=88cm，前片大 0.5cm，后片小 0.5cm，袖窿深取较合体的量为 0.2B+（1-2）=18.6cm~19.6cm，如图 8-61 所示。

02 绘制连衣裙衣身的前、后片的结构点；找到胸乳点的正确位置；用人体净尺寸的臀腰差做第一次省道转移，绘制好相应的辅助线，如图 8-62 所示。

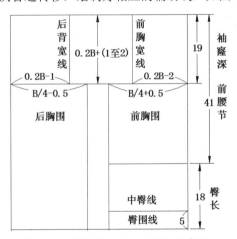

图 8-61　吊带背心连衣裙的绘图步骤一

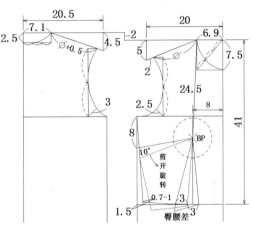

图 8-62　吊带背心连衣裙的绘图步骤二

03 做省道转移，将腋下省转移至肩上，如图 8-63 所示。

04 将前腰省全部转移至肩上，得到胸上围的缩减量，后片缩减量等于前片，如图 8-64 所示。

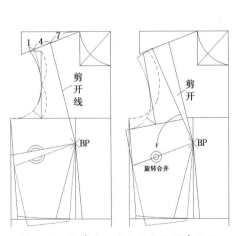

图 8-63　吊带背心连衣裙的绘图步骤三

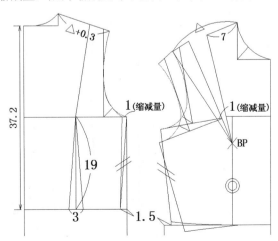

图 8-64　吊带背心连衣裙的绘图步骤四

05 化省为公主缝，完成前片侧缝线，根据前片绘制好后片的辅助线，仔细分析款式图，将后片比较复杂的结构线绘制好，标注尺寸完成衣身的主要结构线，如图 8-65 所示。

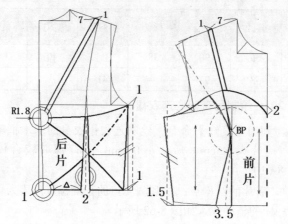

图 8-65　吊带背心连衣裙的绘图步骤五

06 后背上下两层皱褶通过剪开展开得到，展开量是原来的 1/3，如图 8-66 所示。

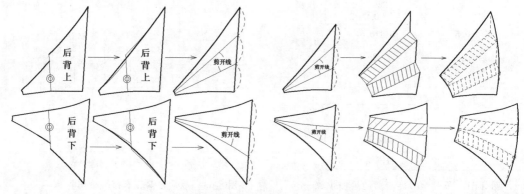

图 8-66　吊带背心连衣裙的绘图步骤六

07 绘制裙片，根据衣身绘制好裙片的结构线，标注尺寸完成裙片的结构线，如图 8-67 所示。

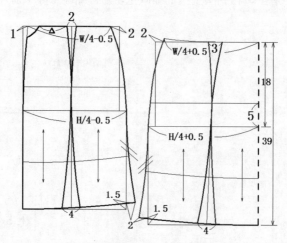

图 8-67　吊带背心连衣裙的绘图步骤七

技术专题

以上三款连衣裙从结构上分析是比较贴体的风格，运用基本型结构设计原理绘制该款结构图快速、准确、方便，要注意的是这三款连衣裙都属于无领无袖的款式，无领无袖的连衣裙在结构设计中一定要特别注意以下几点：①胸部造型第一，也就是突出胸部圆润、丰满，所以成衣胸围的松量取值尽量接近人体臀围的净尺寸，简单地用胸围的净尺寸加放松量设计出来的服装会给人平淡乏味的感觉；②作省道转移的量最好取人体净尺寸的臀腰差；③省道设计与有袖有领的上衣又不同，第一次转移省道时，例如转移到袖窿、肩、领口等处，首先要将腰部臀腰差的量全部转移完，这样在上胸围线上收省量加大，最后经过缝合后，前、后片在该处会很贴服人体。接下来才考虑成衣腰省的取值，用成衣的胸腰差设计腰省，所以从范例中可以看出，无领无袖的上衣在省道设计时多了一个步骤，一定要理解透彻为什么要多这个步骤。理解了这些结构设计细节对以后的礼服、晚装和婚纱等的设计又很大帮助。

08 将衣身和裙片对应结合，标注尺寸完成连衣裙的结构制图，如图 8-68 所示。

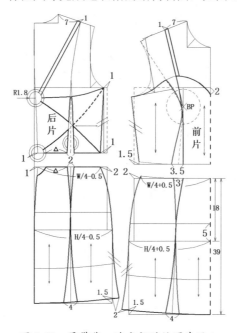

图 8-68　吊带背心连衣裙的绘图步骤八

8.5　本章小结

本章主要为理论和实践相结合的教学，是要重点掌握的内容。

1. 本章用大量篇幅、多个范例讲解了女性特有的、变化丰富的连衣裙的结构设计。结合上衣和裙子的结构设计原理，将连体衣身的构成形式做了详细分析，特别是无领无袖的衣身是本章的重点，读者可以通过本章的基础运用和核心案例篇理解，掌握连体衣裙的制图原理和方法，学会根据款式图、效果图快速、熟练地打制连衣裙样板，同时利用 AutoCAD 2016 简单、快捷的功能，提高制图效率。

2. 结构设计（打制样板）最主要的是方法，有了正确的、系统的方法才能快速、准确地绘制出结构图。核心知识和核心案例中通过举例将女式连衣裙的结构设计与变化做了详细阐述，横向分割、纵向分割、省道转移、有领有袖、无领无袖不同款式变化的时装结构设计，其目的就是要读者掌握要领，学会独立完成连衣裙结构设计的方法，并得到举一反三的能力。

第 9 章 服装工业用样板设计

本章导读

本章专业讲解如何运用 AutoCAD 2016 对服装工业用样板进行设计，从现代服装工业制板的基础知识开始逐步了解并掌握服装工业用样板的基本要求，内容涉及到基础样板的制作原理、成衣规格号型系列在样板中的体现、服装工业用样板的推档原理、计算机辅助设计等。

本章知识点

◆ 工业用样板的概念和特征

◆ 制板原理及方法

◆ 推板原理及方法

◆ 女式上装基本型制板、推板的方法

◆ 女式裤子基本型推板的方法

9.1 工业用样板设计技术与要点

服装平面结构制图也叫"打板"，根据工业化、批量化的成衣生产，结构设计师打制的都是中间标准体样板（女性：160/84A，男性：170/90A），也就是"基础母板"，除了中间标准体以外，还有不同体型的人群，既要满足广大消费者的需求，又要适应工业化、成衣化生产的模式，就必须通过基础母板将其他体型的人群的样板制作出来，也叫"制板"，同时根据国家标准规定的号型规格系列，进行计算和推导，推制出产品全套的裁剪样板也叫"推板"。

制板、推板是与服装结构制图密切相关的整体，是制图任务的继续，是服装工业生产投产前的最重要的技术准备工作。对于服装工作者来说，要求在掌握技术理论的基础上，还要熟练掌握打板、推板和排料画样的技能和技巧，加上 CAD/CAM 的运用才能提高工作效率。

9.1.1 制作工业用样板（制板）

1. 概念

现代服装工业生产中的样板，起着模具、图样和型板的作用，是排料画样、裁剪和产品缝制过程中的技术依据，也是检验产品规格质量的直接衡量标准。样板是以结构制图为基础制作出来的，称为"打制样板"，简称"制板"。

2. 样板的分类

➢ 净样板：直接从结构图上复制出来的结构图称作"净样板"。

➢ 毛样板：通过净样的轮廓线条，再加放缝头、折边、放头等缝制工艺所需的量而画、剪打制出来的，称为"毛样板"。

3．样板用途

按照用途，样板分为裁剪样板和工艺样板，裁剪样板主要用作排料画样、裁剪的模具和型板。工艺样板则是在缝制工艺过程中，用作某些部件、部位的型板、模具和量具。

9.1.2　样板的制作方法

制板是结构设计的继续，制板必须要有扎实的结构设计基础，不精通服装结构设计原理很难把板制好，特别是款式、结构变化多样的时装样板其制板、推板难度系数更大。下面运用 AutoCAD 2016 以女式合体型上衣为例，详细讲解样板的制作方法和步骤。

范例——绘制净样板

号型：160/84A（合体型）。

成品规格尺寸表　　　　　　　　　号型：160/84A（合体型）　　　　　　　　　单位（cm）

部位 分类	胸围	腰围	臀围	颈围	肩宽	前长	背长	胸乳高	乳间距	袖长
净尺寸	84	66	90	34	40	41	38	24.5	16.5	50.5
成品尺寸	94	78	104	37	38－39	41	37.4	24.5	18	54

操作步骤

01 启动 AutoCAD 2016，打开女式合体上衣的基本型，该结构图为 160/84A 中间标准体的结构图，如图 9-1 和图 9-2 所示。

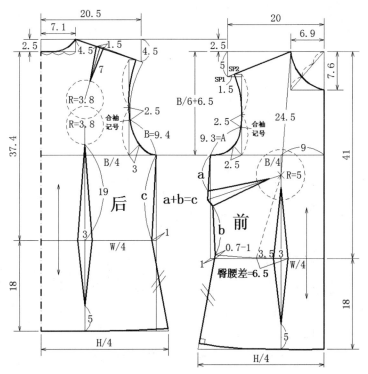

图 9-1　女式合体上装衣身结构图（160/84A）

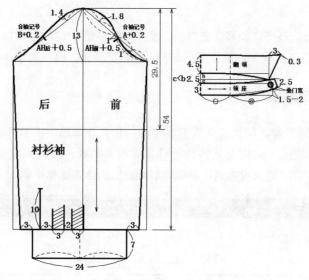

图 9-2　女式合体上装袖、领结构图（160/84A）

技术专题

服装工业用样板比较复杂，按照国家号型标准把我国成年男女分成四种体型，即Y、A、B、C，其中170、160和A属于中间体，而170/90A和160/84A分别是男女中间标准体，要打制不同体型、不同身高人群的全套样板种类繁多，技术水平要求也很高，所以不同体型的样板不能全部都打出来，一是工作效率低，还有可能走样，将中间标准体作为基础母板，通过基础母板绘制其他体型的样板，即通过中间体170、160和A体型的样板将Y、B、C体型的中间体（170、160）的样板绘制出来，这种程序方便、快捷、准确。最后运用不同体型的中间体样板进行样板缩放，才能将全套样板制好，加上计算机的辅助缩短制板时间、提高工作效益，适应现代服装工业的发展。

02 通过 160/84A 中间标准体的结构图，绘制出 160/84Y 中间体的结构图，如图 9-3 所示。

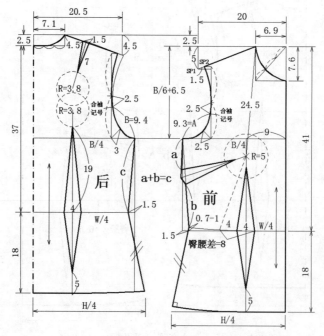

图 9-3　女式合体上装结构图（160/84Y）

成品规格尺寸表　　　　　　号型：160/84Y（合体型）　　　　　单位（cm）

分类 \\ 部位	胸围	腰围	臀围	颈围	肩宽	前长	背长	胸乳高	乳间距	袖长
净尺寸	84	60	90	34	40	41	38	24.5	16.5	50.5
成品尺寸	94	72	104	37	38－39	41	37	24.5	18	54

技术专题

Y、A、B、C四种体型是针对我国成年男女胸腰差相对值来确定的，并不是指某个个体。女性中的Y体型的胸腰差相对于其他体型的胸腰差最大，也就是最瘦，胸腰差最大值为30cm。在通过中间标准体160/84A变化成中间体160/84Y时，其他结构点都不动，只调整腰围大小即可。合体的单件上衣胸、腰、臀松量的取值比较有规律，为递增，所以第一次用于省道转移的量可以取成衣的臀腰差，即成衣的H（104cm）－成衣的腰围W（72cm）=32cm，32/4=8cm，再将8cm的1/2作为省道转移的量。第二次设定成衣腰围时取成衣的胸腰差，即成衣的B（94cm）－成衣的腰围W（72cm）=22cm，22cm/4=5.5cm，成品胸腰省取最大值为4cm，余下的1.5cm给到侧缝，这种取值打制出来的样板效果最好。掌握规律和方法后，以此类推，利用中间标准体160/84A结构图能快速将中间体160/84B、160/84C的结构图绘制出来。

03 通过160/84A中间标准体的结构图绘制出160/84B中间体的结构图，如图9-4所示。

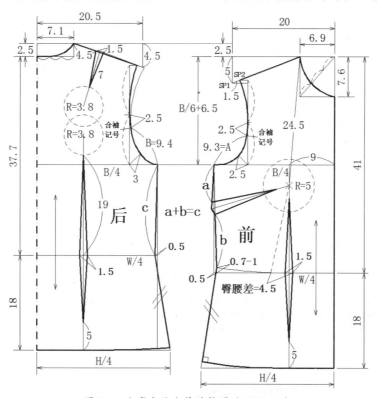

图9-4　女式合体上装结构图（160/84B）

成品规格尺寸表　　　　　　号型：160/84B（合体型）　　　　　单位（cm）

分类 \\ 部位	胸围	腰围	臀围	颈围	肩宽	前长	背长	胸乳高	乳间距	袖长
净尺寸	84	74	90	34	40	41	38	24.5	16.5	50.5
成品尺寸	94	86	104	37	38－39	41	37.7	24.5	18	54

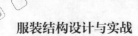

04 通过 160/84A 中间标准体的结构图绘制出 160/84C 中间体的结构图，如图 9-5 所示。

成品规格尺寸表　　　　　　　　　　　　　号型：160/84C（合体型）　　　　单位（cm）

部位 分类	胸围	腰围	臀围	颈围	肩宽	前长	背长	胸乳高	乳间距	袖长
净尺寸	84	80	90	34	40	41	38	24.5	16.5	50.5
成品尺寸	94	92	104	37	38－39	41	38.5	24.5	18	54

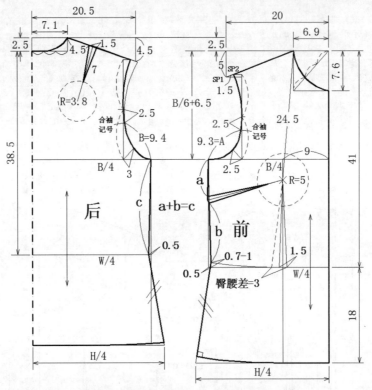

图 9-5　女式合体上装结构图（160/84C）

技术专题

服装工业制板的技术水平要求很高，要有科学的理论作为指导，在绘制净样板之前一定要将中间标准体以外的其他中间体体型（Y、B、C）的结构图绘制出来。Y、B、C体型的结构图利用中间标准体的结构图绘制会使款式和结构不走样。工业用所有样板都建立在结构图之上，绘制准确的结构图才能为下一步工作打好基础。

05 160/84Y、160/84A、160/84B、160/84C 四种体型的结构图绘制好后，即可根据各自的结构图将其净样板绘制出来。首先在净样板上一定要保留结构制图中一些重要的辅助线，标明纱向，其次还要准确标明品名、编号、号型等内容，如图 9-6~图 9-9 所示。

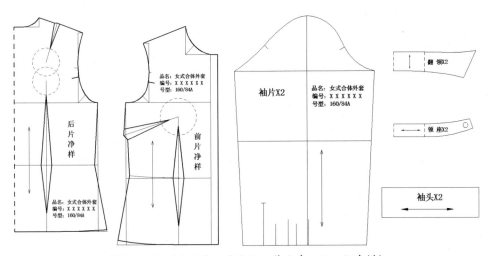

图 9-6 （160/84A）女式合体上装衣身、袖、领净样板

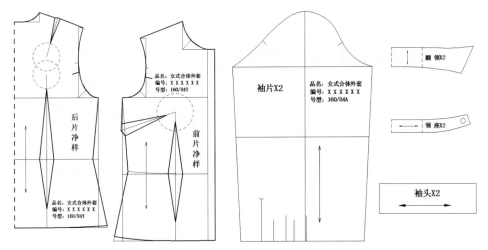

图 9-7 （160/84Y）女式合体上装衣身、袖、领净样板

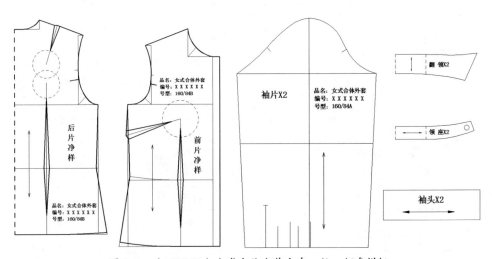

图 9-8 （160/84B）女式合体上装衣身、袖、领净样板

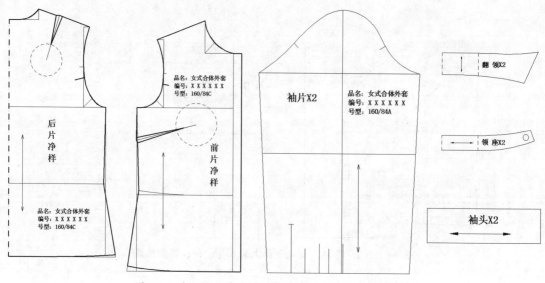

图9-9　（160/84C）女式合体上装衣身、袖、领净样板

范例——绘制毛样板

绘制毛样板的方法和程序，一般依照净样板外部轮廓线加放出缝头、折边、放头、缩水等所需要的宽度，画成毛样轮廓线，再按毛样线剪裁成片。最后按口袋、省道及其他标准打剪刀口、钻孔即成。

绘制毛样板的关键是掌握衣片各部位的加放量，加放量包括多种因素，要求全面考虑、准确掌握，根据服装的结构关系、款式的要求，以及工艺制作等因素给出最合理的缝份。

样板缝份主要有以下几种加放量需要准确计算、掌握。

（1）缝头

缝头又叫缝份、放缝、做缝。参考数据见下表。

工艺名称	工艺说明	参 考 放 量 （单位：cm）
分缝	也称劈缝，即面料面对面缝合后两边分开烫平	1
一般倒缝	也称座倒，即缝合后缝头向一边倾倒	1
明线倒缝	倒缝上有缝头的一侧缉明线	倒缝的上层缝头窄于明线，下层缝头宽于明线1
筒子缝	也称来去缝、反正缝或缉明暗线	正缉0.4，反包缝头毛茬，缉暗线距光边1
裹缝	也称包缝，分"暗包明缉"或"明包暗缉"	后片0.7~0.85；前片1.5~1.85
平绱缝	小片小件与主件齐边缝合平绱	1
弯绱缝	绱一边或两边弯曲不直。要避免抽褶不平	0.6~0.8
搭缝	一边搭在另一边的缝子	0.8~1
缝边	通称止口。明、暗线勾合，再翻成光边	根据部件大小0.7~1

（2）折边

折边是服装的边缘部位，如门襟、下摆、裤口、袖口等处。折边的放量参考数据见下表。

部位	各类服装折边参考放量　（单位：cm）
衣摆	男女上衣：毛呢类 4，一般 3~5，衬衣 2~2.5，一般大衣 5，内挂皮毛 6~7
袖口	一般同底摆，女衫连卷袖口应加宽放量
裤口	一般 4，高档 5，短裤 3
裙摆	一般 3，高档产品稍加宽
口袋	明贴袋大衣等无盖式 3.5，有盖式 1.5，小袋无盖式 2.5，有盖式 1.5，借缝袋 1.5~2
开气	开气又称开衩。西装 4，大衣 4~6，袖衩 2~2.5，裙子、旗袍 2~3.5
开口	开口多有纽扣、拉链。一般为 1.5~2
门襟	3.5~5.5

（3）放头

即根据人体某些容易发展变化的部位。在衣片应加放的缝头外，再多加放一些余量以备放大、加肥之需。如高档产品上衣（西服、大衣）的背缝、摆缝、肩缝、袖缝、裤子的侧缝、下裆缝及后缝等。一般是缝头之外，再多留"放头"量 1.5~2.5cm。

（4）里外容

一是俗称"吐止口""吐眼皮"，即两层或多层构合并翻净的缝边，必须是表层边缘吐出少许（底层缩进少许），如上衣、大衣门襟的止口；二是指两层或多层构合的部位（特别是小部位、小部件）如大、小口袋袋盖、中山装领子的领面和领里等，必须使表层适量大于底层并匀缩吃进，造成表层欺压下层，使下层不翻翘的效果。一般吐止口为 0.1cm，即外层的面应大于内层里的 0.25~0.3cm。以此类推。

（5）缩水率和脱纱

缩水率（包括面料、里料、衬布等）经缩水试验所测定的经、纬向缩水百分率，对各主要部件加放相应的备缩量。如面料经缩 6%，则应对 70cm 身长的衣片加长 70cm×6%=4.2cm，凡遇易脱纱的衣料，也应对样板缝头适当加宽。

放缝示意图如图 9-10 和图 9-11 所示。

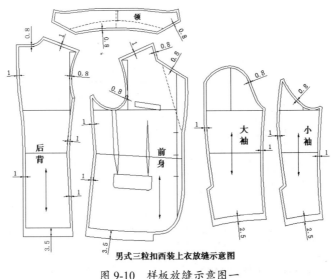

男式三粒扣西装上衣放缝示意图

图 9-10　样板放缝示意图一

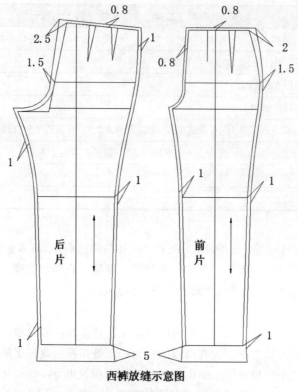

西裤放缝示意图

图 9-11　样板放缝示意图二

　　下面以 160/84A 中间标准体女式合体上衣为例，讲解如何利用 AutoCAD 2016 绘制毛样板的步骤。

操作步骤

01 启动 AutoCAD 2016，打开女式 160/84A 中间标准体的合体上衣的净样板，如图 9-12 所示。

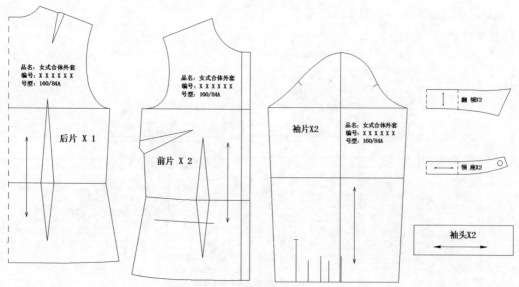

图 9-12　（160/84A）女式合体上装衣身、袖、领净样板

02 利用【偏移】命令 🖻，依次按照不同部位所要求的加放量，将女式 160/84A 中间标准体上衣衣身的缝份加出来，利用【延伸】命令 🖃（窗交 C）补正各交点完成放缝绘制，利用【对齐标注】命令 🖈 快速将各部位具体加放的量标注出来，如图 9-13 所示。

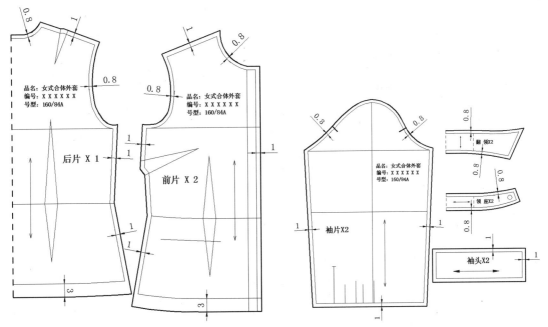

图 9-13　（160/84A）女式合体上装衣身、袖、领放缝示意图

9.1.3　样板的定位

毛样板制好后，还必须在样板上做出各种定位标记，以作为推板、排料画样及推刀裁剪的根本依据。同时这也是缝制工艺过程中，掌握具体部位缝制构成的匹配依据。

1. 定位方法
工业化、批量化成衣生产需要在样板上做出准确的定位标记。一般采用三种方法：
- 打剪口：也称"刀眼"。即样板边缘需要标记处剪成三角形缺口。剪口深、宽一般为 0.5cm 左右。
- 打孔：即在需要标记处无法打剪口，用冲孔工具打眼。孔径一般在 0.5cm 左右。如：袋位、省位多打孔定位。
- 净边：对样板中需要精确定位的局部小范围，单独剪成净样，以便排料、画样时能准确地画出位置及形状（多用于高档产品）。

2. 标记范围
为了确保原样板的准确性，还需要在毛样板上做出各种标记，主要部位如下。
- a. 缝头；b. 折边；c. 省道、褶裥；d. 袋位；e. 开口、开衩；f. 对刀；g. 绱位等，如图 9-14 所示。

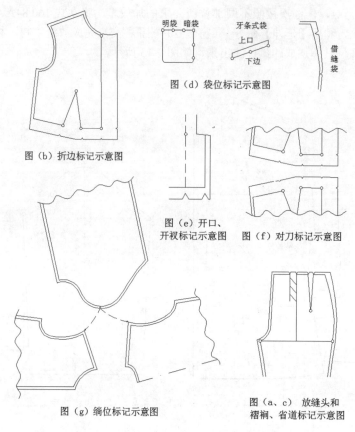

图 9-14　服装工业样板各部位标记示意图

3．样板的文字标注及整理

利用 AutoCAD 2016，建立文档，对所有样板都能进行快速的文字标注，从而大大提高工作效率。主要的文字标注内容如下。

（1）产品编号及名称。

（2）号型规格。

（3）样板的结构、部件名称。

（4）标明面、里、衬、袋布等各式样板。

（5）左右片不对称的产品，要标明左、右、上、下、正、反面的区别。

（6）面料丝缕的经向标志。

（7）不同片数，或里子、面子材料不同的，应标明每件应裁的片数。

（8）需要利用衣料光边的部件，应标明边位。

利用 AutoCAD 2016，建立文档，对样板进行整理，方便快捷、便于保存、便于修改、便于打印。通过计算机完成对样板的检查、复核，样板实行人、机管理。

范例——对样板进行定位及文字标注

下面以 160/84A 中间标准体女式合体上衣为例，讲解如何利用 AutoCAD 2016 对样板进行定位，以及文字标注等系列工作。

操作步骤

01 从文档中打开女式 160/84A 中间标准体的合体上衣的毛样板，如图 9-15 所示。

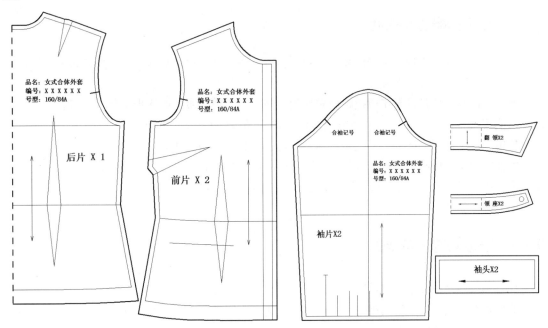

图 9-15　（160/84A）女式合体上装衣身、袖、领的毛样板

02 利用【修剪】命令 ，依次将女式 160/84A 中间标准体上衣衣身、袖子、领等部位的剪刀口剪出来，利用【画圆】命令 将内部结构点的孔眼打好，最后在毛样板上规范地写上文字标记，如：品名、编号、号型、数量等，完成毛样板的制作，如图 9-16 所示。

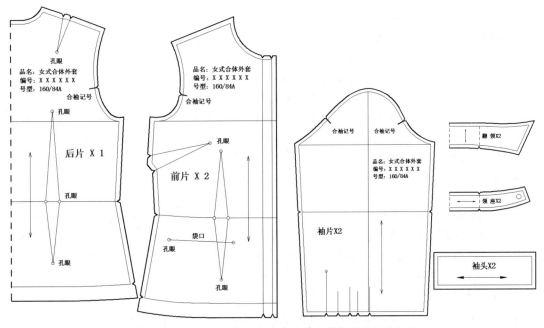

图 9-16　（160/84A）女式合体上装毛样板的定位及标记

9.2 工业用样板的放缩（推板）

9.2.1 推板的概念和依据

以中间标准体为母板，根据国家号型系列标准，进行科学地计算后放缩出规格系列样板，就叫"服装推板"，也称"服装放码"。

推板的目的主要是满足工业化、成衣化的生产需求，现代服装业逐步从手工、落后作坊式的传统型向现代化的高质量、高科技方面转化，特别是服装CAD/CAM技术的运用大大改变了我国服装生产加工落后的面貌，服装生产的全面自动化将成为服装业的发展趋势。

以国家颁布的服装号型标准为依据，服装号型标准为成衣生产提供了科学的数据，最大限度地满足广大消费者的适体要求，根据服装号型标准中的各部位规格档差值，按照号型系列的设置对样板进行放缩。

9.2.2 推板的方法与步骤

1. 推板的方法：坐标定位法

推板的方法很多，不管采用哪种方法只要能达到不同号型的样板规格准确、款式一致、不变形即可。现代服装工业逐步向更新、更快、小批量、多品种、时装化的方向发展，计算机辅助设计、辅助生产是缺一不可的，我们将利用计算机来完成推板工作，计算机的辅助设计既能提高工作效率也便于保存、便于修改、便于打印和输出，其方法是利用计算机的优势，以坐标定位的方式既方便又快捷，而且准确。

（1）技术要领

➢ 号型系列设置：身高（号）以5cm分档，胸围（型）以4cm分档，形成5.4系列；身高（号）以5cm分档，胸围（型）以2cm分档，形成5.2系列。5.4系列多用于款式变化快的时装类放缩，5.2系列多用于款式变化不大的正装类放缩。

➢ 成品规格系列档差值的确定：国家颁布的服装号型标准所规定的服装规格系列及档差值是经过实际测算和科学归纳、整理而制定的，属于完全规格系列。即在每一套规格系列中，所有部位的规格尺寸，都是同一部位均衡地递增或递减，档差、档距都相等。如衣长的规格是68、70、72、74、76cm的排列，档距、档差都是2cm；胸围的规格是102、106、110、114、118cm的排列，档距、档差都是4cm。

➢ 熟练掌握CAD应用程序：任何一种服装CAD系统都不是万能的，服装虽然归类于工业产品，但与其他工业产品又有许多的不同，特别针对流行时装随意性强、季节短、变化快的特征，一些所谓的专业服装CAD系统很难跟上时尚流行趋势发展的步伐。随着服装生产从大批量生产向小批量、多品种、多款式方向发展，服装设计人员应该掌握更多的功能性强的计算机辅助设计软件，将软件视为一种现代化的工具，不要成为软件的奴隶和牺牲品，更多将精力投入到设计和创作中去。

（2）技术要求

➢ 样板放缩时各部位的档差要进行合理分配，根据人体结构的变化规律，严格按照号型系列标准数据放缩，从小到大、从瘦到胖放缩出来的样板都要与标准母板的款式和结构相同。

- 在运用 CAD 推板时，采用坐标定位的方式，所以首先必须确定服装样板上哪根线作为 X 轴、哪根线作为 Y 轴，坐标原点放在哪个结构点上最合理、最科学。
- 在运用 CAD 推板时，各部位的规格档差始终是围绕坐标原点在横坐标上和纵坐标上放大或缩小的，而不能偏移 X 轴和 Y 轴。
- 一些款式、结构复杂多变的时装，其款式线往往都不在人体结构点上，如抬高腰节线、降低腰节线、化省为育克、化省为款式线等设计，采用坐标定位法可以准确找到其放缩点的位置。

2. 推板的步骤

成年女性基本样板各部位规格系列档差取值。

上装规格（5.4 系列）　　　　　　　　　　　　　　　　单位 :CM

序号	部位名称	规格档差值	计算方式
1	衣长	2	
2	胸围	4	
3	袖长	1.5	
4	总肩宽	1~1.2	
5	前胸宽	0.5~0.6	
6	后背宽	0.5~0.6	
7	领围	1	
8	前领口宽	0.2	2 领围档差值 /10
9	前领口深	0.2	2 领围档差值 /10
10	后领口宽	0.2	2 领围档差值 /10
11	前袖隆深	0.6~0.7	1.5 胸围档差值 /10（+0.1）
12	前腰节	1.25	
13	后腰节	1.1	
14	袖山高	0.5	
15	袖肥	0.7	
16	袖口	0.5	

下装规格（5.4 系列）　　　　　　　　　　　　　　　　单位 :CM

序号	部位名称	规格档差值	计算方式
1	裤长	3	
2	臀围	3.2~3.6	
3	腰围	4	
4	臀长	1	
5	上裆	0.5	
6	横裆	2	
7	中裆	0.5	
8	脚口	0.5	

（3）横向放缩、纵向放缩和斜向放缩

服装样板放缩是根据服装生产企业自身产品的定向和消费群体的需求来制订的放缩方式，一般为三种方式：①横向放缩；②纵向放缩；③斜向放缩。

➤ 横向放缩：即身高（号）不放缩，只放缩围度（型），这种方式多用于流行时装的下装的推板中，如时装裙、时装裤等，如下表所示。

女式贴体牛仔裤规格（5.4系列）　　　　　　　　　　单位：cm

规格 号型部位	160/58A	160/62A	160/66A	160/70A	160/74A	160/78A	档差值
裤 长	105	105	105	105	105	105	0
腰 围	58	62	66	70	74	78	4
臀 围	82.8	86.4	90	93.6	97.2	100.8	3.6
立 裆	27	27	27	27	27	27	0
中 裆	36	37	38	39	40	41	0.5
脚 口	34	35	36	37	38	39	0.5

纵向放缩：即围度（型）不放缩，只放缩身高（号），这种方式多用于流行时装的上装推板中，如时装衬衫、时装外衣、时装风衣、时装大衣等，如下表所示。

女式时装外套规格（5.4系列）　　　　　　　　　　单位：cm

规格 号型部位	150/84A	155/84A	160/84A	165/84A	170/84A	175/84A	档差值
衣 长	61	63	65	67	69	71	2
胸 围	92	92	92	92	92	92	0
袖 长	53	54.5	56	57.5	59	60.5	1.5
肩 宽	39	39	39	39	39	39	0
领 大	38	38	38	38	38	38	0
袖 口	12.5	12.5	12.5	12.5	12.5	12.5	0
前腰节	38.5	39.75	41	42.25	43.5	44.75	1.25
后腰节	35.8	36.9	38	39.1	40.2	41.3	1.1

斜向放缩：即身高（号），围度（型）同时放缩，这种方式多用于产品相对固定款式、结构变化不大的生产厂家，如正装类西服、西衬等，其目的是号型全面，如下表所示。

女式西装规格（5.4系列）　　　　　　　　　　单位：cm

规格 号型部位	150/76A	155/80A	160/84A	165/88A	170/92A	档差值
衣 长	64	66	68	70	72	2
胸 围	86	90	94	98	102	4
袖 长	53	54.5	56	57.5	59	1.5
肩 宽	37	38	39	40	41	1
领 大	36	37	38	39	40	1
袖 口	10.5	11.5	12.5	13.5	14.5	0.5
前腰节	38.45	39.7	41	42.25	43.5	1.25
后腰节	35.8	36.9	38	39.1	40.2	1.1

9.3　核心案例——工业用样板基本型放缩实例

9.3.1　女上装基本型衣身推板方法（计算公式）

规格系列表：160/84A 为中间标准体，按 5.4 系列推档　　　　　　单位（CM）

号 / 型		衣长	胸围	肩宽	前胸宽	后背宽	前腰节	后腰节	备注
160/84A		59	94	39	17	18	41	37.7	
规格档差		2	4	1.2	0.6	0.6	1.25	1.1	
前肩颈点（SNP）	纵档差	1.5/10 胸围规格档差 + 0.1 =（1.5/10）× 4 = 0.6 + 0.1 =0.7= 袖窿深规格档差							
	横档差	1/2 肩宽规格档差－ 2/10 领围规格档差 = 1.2/2 －（2/10×1）= 0.4							
前胸宽	纵档差	为 0							
	横档差	1.5/10 胸围规格档差 = 0.6							
前胸围	纵档差	为 0							
	横档差	1/4 胸围规格档差 = 1							
前肩端点（SP）	纵档差	袖窿深规格档差－肩高规格档差 = 0.7 －（1B/20）= 0.7 －（4/20）= 0.5							
	横档差	为 0							
前领口（FNP）	纵档差	袖窿深规格档差－ 2/10 领围规格档差 = 0.7 －（2/10×1）= 0.5							
	横档差	胸宽规格档差 = 0.6							
前腰节	纵档差	前腰节规格档差－袖窿深规格档差 = 1.25 － 0.7= 0.55							
	横档差	胸宽规格档差 = 0.6							
前下摆	纵档差	衣长规格档差－袖窿深规格档差 = 2 － 0.7 = 1.3							
	横档差	胸宽规格档差 = 0.6							
后肩颈点（SNP）	纵档差	1.5/10 胸围规格档差 + 0.1 =（1.5/10）×4 = 0.6 + 0.1 = 0.7							
	横档差	2/10 领围规格档差 = 0.2							
后领口（BNP）	纵档差	袖窿深规格档差－ 0.05（定值）= 0.7 － 0.05 = 0.65							
	横档差	为 0							
后胸围	纵档差	为 0							
	横档差	1/4 胸围规格档差 = 1							
后背宽	纵档差	为 0							
	横档差	1.5/10 胸围规格档差 = 0.6							
后肩端点（SP）	纵档差	袖窿深规格档差－肩高规格档差 = 0.7 －（1B/20）= 0.7 －（4/20）= 0.5							
	横档差	1/2 肩宽规格档差 = 1.2/2 =0.6							
后腰节	纵档差	后腰节规格档差－袖窿深规格档差 = 1.1 － 0.7= 0.4							
	横档差	胸围规格档差－胸宽规格档差 = 1 － 0.6= 0.4							
后下摆	纵档差	衣长规格档差－袖窿深规格档差 = 2 － 0.7 = 1.3							
	横档差	胸围规格档差－胸宽规格档差 = 1 － 0.6= 0.4							

操作步骤

01 从文档中打开女式 160/84A 中间标准体的合体上衣的净样板，如图 9-17 所示。

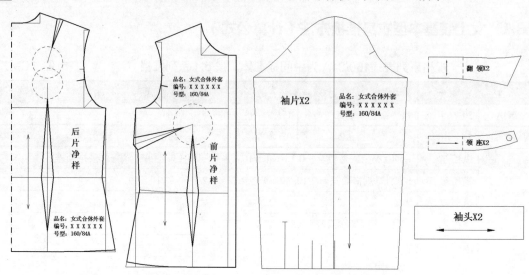

图 9-17　（160/84A）女式合体上装衣身、袖、领净样板

02 设定坐标原点、X 轴、Y 轴，运用坐标定位方式进行样板放缩。前片为整片的衣片坐标原点设定在前胸宽线和袖窿底线的交点上，设袖窿底线为 X 轴，前胸宽线为 Y 轴比较科学，根据规格档差值进行前片放缩，如图 9-18 所示。

03 设定坐标原点、X 轴、Y 轴，运用坐标定位方式进行样板放缩。后衣片坐标原点设定在后中心线和袖窿底线的交点上，设袖窿底线为 X 轴，后中心线为 Y 轴比较科学，根据规格档差值进行后片放缩，如图 9-19 所示。

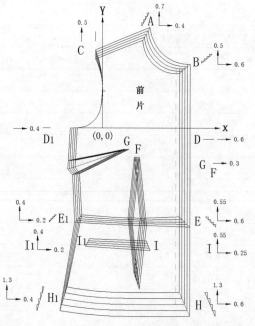

图 9-18　（160/84A）女式合体上装前片推板图解

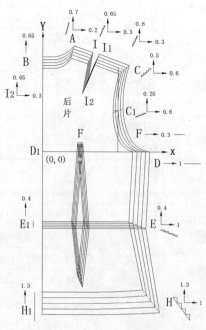

图 9-19　（160/84A）女式合体上装后片推板图解

9.3.2 女上装基本型袖子、领子推板方法（计算公式）

规格系列表：160/84A 为中间标准体，按 5.4 系列推档　　　　　单位（CM）

号 / 型	袖长	袖口	袖头	领围	备注
160/84A	54	12	24	36	
规格档差	1.5	0.5	1	1	
袖山高	纵档差	1/10 胸围规格档差 + 0.1 =（1/10）× 4 + 0.1 = 0.5			
	横档差	为 0			
袖肥	纵档差	为 0			
	横档差	1.5/10 胸围规格档差 + 0.1 = 0.6 + 0.1 = 0.7×2			
袖口	纵档差	为 0			
	横档差	袖口规格档差 = 0.5×2			
领围	纵档差	为 0			
	横档差	领围规格档差 = 1			
袖头	纵档差	为 0			
	横档差	袖头规格档差 = 1			

　　如图 9-20 和图 9-21 所示为（160/84A）女式合体上装袖子、领子和袖头推板图解。

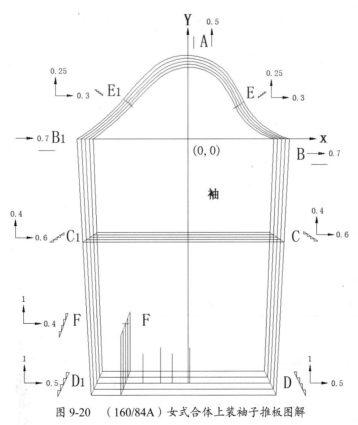

图 9-20　（160/84A）女式合体上装袖子推板图解

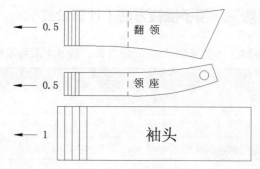

图 9-21 （160/84A）女式合体上装领子、袖头推板图解

9.3.3 女下装基本型裤子前片推板方法（计算公式）

规格系列表：160/66A 为中间标准体，按 5.4 系列推档　　　　单位（CM）

号 / 型	裤长	腰围	臀围	立裆	横裆	中裆	脚口	备注
160/84A	100	68	98	28	18	22	20	
规格档差	3	4	3.6	0.5	2	0.5	0.5	
立裆	纵档差	立裆规格档差 = 0.5						
	横档差	为 0						
前腰围（门襟处）	纵档差	立裆规格档差 = 0.5						
	横档差	1/4 腰围规格档差 = 0.5 − 0.1 = 0.4						
前腰围（侧缝处）	纵档差	立裆规格档差 = 0.5						
	横档差	1/4 腰围规格档差 = 0.5 + 0.1 = 0.6						
前臀围（门襟处）	纵档差	1/3 立裆规格档差 = 0.17						
	横档差	1/4 臀围规格档差 = 0.9/2 − 0.1 = 0.35						
前臀围（侧缝处）	纵档差	1/3 立裆规格档差 = 0.17						
	横档差	1/4 臀围规格档差 = 0.9/2 + 0.1 = 0.55						
前横裆	纵档差	为 0						
	横档差	1/2 横裆规格档差 = 1 − 0.1 = 0.9 = 0.45						
前中裆	纵档差	1/2（裤长规格档差 − 立裆规格档差）= 3/2 − 0.5 = 1.25						
	横档差	1/2 前横裆规格档差 + 1/2 前脚口规格档差之和的 1/2 ={（0.9/2）+（0.5/2}/2 = 0.35						
前脚口	纵档差	裤长规格档差 − 立裆规格档差 = 3 − 0.5 = 2.5						
	横档差	1/2 脚口规格档差 = 0.5 = 0.25（0.5/2）						

操作步骤

01 从文档中打开女式 160/66A 中间标准体的合体裤子的净样板，如图 9-22 所示。

02 设定坐标原点、X 轴、Y 轴，运用坐标定位方式进行样板放缩。前裤片坐标原点设定在前烫迹线和横裆线的交点上，设横裆线为 X 轴，烫迹线为 Y 轴比较科学，根据规格档差值进行前裤片放缩，如图 9-23 所示。

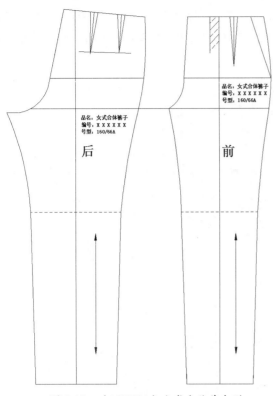

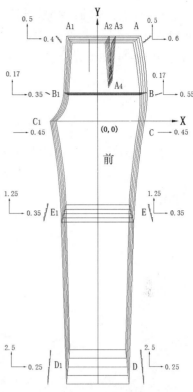

图 9-22　（160/66A）女式合体基本型
裤子净样板

图 9-23　（160/66A）女式合体基本型
裤子前片推板图解

9.3.4　女下装基本型裤子后片推板方法（计算公式）

规格系列表：160/66A 为中间标准体，按 5.4 系列推档　　　　　单位（CM）

后腰围 （后中线处）	纵档差	立档规格档差 = 0.5
	横档差	1/4 腰围规格档差 = 0.5 － 0.4 = 0.1
后腰围 （后侧缝处）	纵档差	立档规格档差 = 0.5
	横档差	1/4 腰围规格档差 = 0.5 + 0.4 = 0.9
后臀围 （后中线处）	纵档差	1/3 立档规格档差 = 0.17
	横档差	1/4 臀围规格档差 = 0.9/2 － 0.2 = 0.25
后臀围 （后侧缝处）	纵档差	1/3 立档规格档差 = 0.17
	横档差	1/4 臀围规格档差 = 0.9/2 + 0.2 = 0.65
后横档	纵档差	为 0
	横档差	1/2 横档规格档差 = 1 + 0.1 = 1.1 = 0.55
后中档	纵档差	1/2（裤长规格档差－立档规格档差）= 3/2 － 0.5 = 1.25
	横档差	1/2 后横档规格档差 + 1/2 后脚口规格档差之和的 1/2 ={（1.1/2）+（0.5/2）}/2 = 0.4
后脚口	纵档差	裤长规格档差－立档规格档差 = 3 － 0.5 = 2.5
	横档差	1/2 脚口规格档差 = 0.5 = 0.25（0.5/2）

设定坐标原点、X 轴、Y 轴，运用坐标定位方式进行样板放缩。后裤片坐标原点设定在后烫迹线和横裆线的交点上，设横裆线为 X 轴，烫迹线为 Y 轴比较科学，根据规格档差值进行后裤片放缩，如图 9-24 所示。

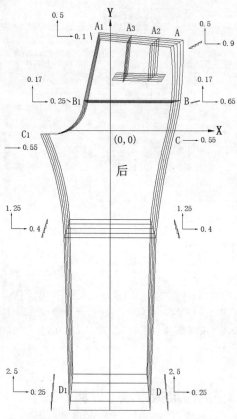

图 9-24　（160/66A）女式合体基本型裤子后片推板图解

9.4　核心案例——工业用样板放缩的应用实例

9.4.1　男式衬衣推板

规格系列设置（5.4 系列）　　　　　　　　　　　单位：cm

规格 号型部位	160/80A	165/84A	170/88A	175/92A	180/96A	档差值
衣 长	71	73	75	77	79	2
胸 围	100	104	108	112	116	4
袖 长	55	56.5	58	59.5	61	1.5
肩 宽	43.6	44.8	46	47.2	48.4	1.2
领 大	38	39	40	41	42	1
袖 口	23	23.5	24	24.5	25	0.5

设定坐标原点、X 轴、Y 轴，运用坐标定位方式进行样板放缩，如图 9-25~ 图 9-27 所示。

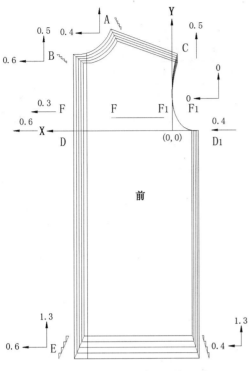

图 9-25　（170/88A）男式衬衫推板步骤一

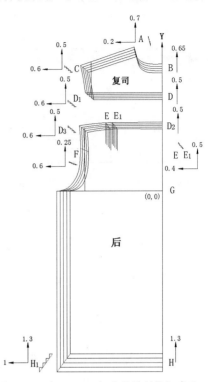

图 9-26　（170/88A）男式衬衫推板步骤二

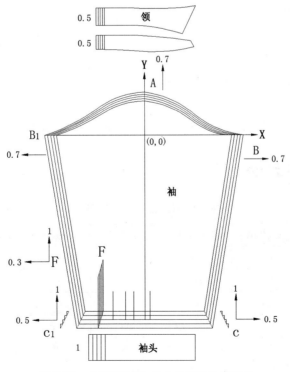

图 9-27　（170/88A）男式衬衫推板步骤三

9.4.2 女式西裙推板

规格系列设置（5.4 系列） 单位：cm

规 格　　号型 部 位	150/58A	155/62A	160/66A	165/70A	170/74A	档差值
裙 长	62	65	68	71	74	3
腰 围	86	90	94	98	102	4
臀 围	53	54.5	56	57.5	59	4
臀 长	16	17	18	19	20	1

设定坐标原点、X 轴、Y 轴，运用坐标定位方式进行样板放缩，如图 9-28 和图 9-29 所示。

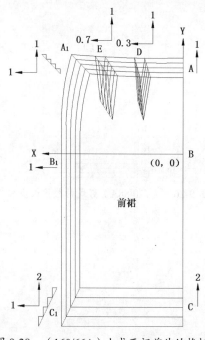 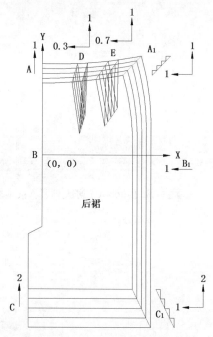

图 9-28 （160/66A）女式西裙前片的推板图　　　　图 9-29 （160/66A）女式西裙后片的推板图

9.4.3 女式八开身上衣推板

规格系列设置（5.4 系列） 单位：cm

规 格　　号型 部 位	150/76A	155/80A	160/84A	165/88A	170/92A	档差值
衣 长	62	65	68	71	74	3
胸 围	86	90	94	98	102	4
袖 长	53	54.5	56	57.5	59	1.5
肩 宽	37	38	39	40	41	1
领 大	36	37	38	39	40	1
袖 口	10.5	11.5	12.5	13.5	14.5	0.5

续表

规格 号型部位	150/76A	155/80A	160/84A	165/88A	170/92A	档差值
前腰节	38.45	39.7	41	42.25	43.5	1.25
后腰节	35.8	36.9	38	39.1	40.2	1.1

1. 制作推板用净样板

利用 AutoCAD 制作女式西装的净样板图，如图 9-30 所示。依次绘制出女式西装前片的推板图（如图 9-31 所示）、后片的推板图（如图 9-32 所示）、袖片和领片的推板图（如图 9-33 所示）。

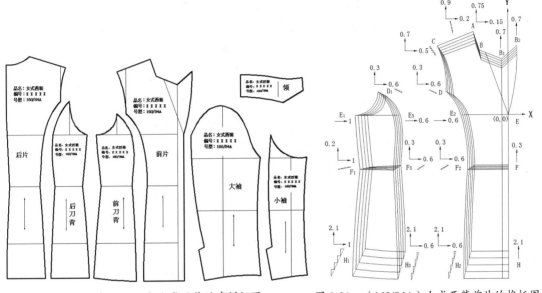

图 9-30 （160/84A）女式西装的净样板图　　　　图 9-31 （160/84A）女式西装前片的推板图

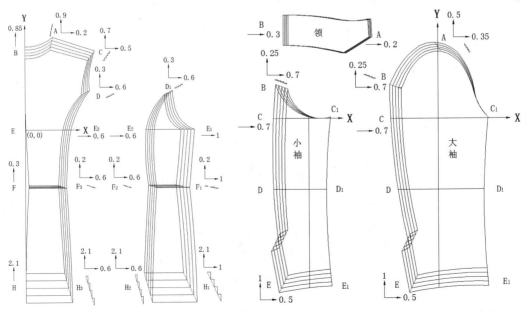

图 9-32 （160/84A）女式西装后片的推板图　　　图 9-33 （160/84A）女式西装袖片和领片的推板图

9.4.4 女式西背推板

规格系列设置（5.4 系列） 单位：cm

规 格　　　号型部位	150/76A	155/80A	160/84A	165/88A	170/92A	档差值
衣 长	50	52	54	56	58	2
胸 围	82	86	90	94	98	4
肩 宽	37	38	39	40	41	1
前腰节	38.45	39.7	41	42.25	43.5	1.25
后腰节	35.8	36.9	38	39.1	40.2	1.1

绘制如图 9-34 所示的（160/84A）女式西装背心的推板图。

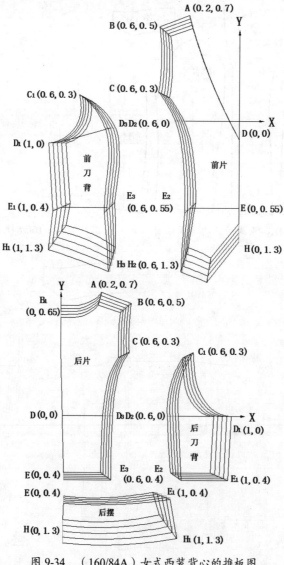

图 9-34　（160/84A）女式西装背心的推板图

9.5　核心案例——男式西装的推板

本节核心进阶案例以 AutoCAD 2016 为主，详细讲解男式西装的推板技术。

规格系列设置（5.4 系列）　单位：cm

规格 部位	160/80A	165/84A	170/88A	175/92A	180/96A	档差值
衣 长	70	72	74	76	78	2
胸 围	97	101	105	109	113	4
袖 长	56	57.5	59	60.5	62	1.5
肩 宽	43.1	44.3	45.5	46.7	47.9	1.2
腰 节	40	41.25	42.5	43.75	45	1.25
领 大	38	39	40	41	42	1
袖 口	13	13.5	14	14.5	15	0.5

制作如图 9-35 所示的男式西装净样板。

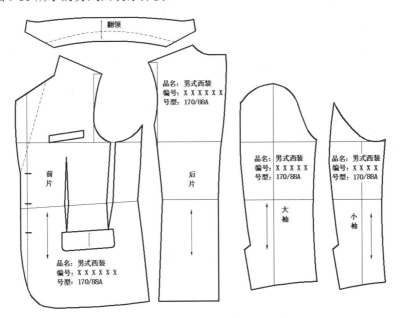

图 9-35　男式西装净样板

男西装前衣片推板步骤如下。

（1）建立男西装前衣片档差计算及放缩部位表，单位（cm）。

部位 名称	部位 代号	档差计算方法		各部位放缩量						备注
		横档差	纵档差	部位	横坐标	纵坐标	部位	横坐标	纵坐标	
袖窿深	A	1/2 肩宽档差（0.6）－ 2/10 领大档差（0.2） = 0.4	1.5/10 胸围档差 （1.5×4/10）= 0.6 + 0.1 = 0.7	肩颈点 A	0.4	0.7				
前胸宽		1.5/10 胸围档差 = 0.6		胸宽点	0.6	0				

续表

部位名称	部位代号	档差计算方法		各部位放缩量						备注
		横档差	纵档差	部位	横坐标	纵坐标	部位	横坐标	纵坐标	
前领口	B B1 B2	0.6（同前宽差）	袖窿深差（0.7）—2/10领大差（0.2）=0.5	前颈点 B	0.6	0.5	驳头 B1 B2	0.6 0.6	0.5 0	
前肩宽	C	1/2肩宽档差（0.6）=0.6	袖窿深差—肩高差（0.2）=0.5	肩端点 C	0	0.5				肩高差=1/20B差=0.2
前胸围	D D1	1/2胸围档差—后背宽差=1.4		门襟 D	0.6	0	侧缝 D1 E	0.8 0.8	0 0.2	
前腰省	J J1 J2			J	0.2	0	J1 J2	0.2 0.2	0.55 0.65	
袖窿省	K K1 K2			K	0.2	0	K1 K2	0.2 0.2	0.55 0.65	
前腰节	F F1	（同前胸围差）=1.4	腰节差—袖窿深差=0.55	门襟 F	0.6	0.55	侧缝 F1	0.8	0.55	
前下摆	M G	（同前胸围差）=1.4	衣长差—袖窿深差=1.3	门襟 M	0.6	1.3	侧缝 G	0.8	1.3	
袋口	H I I1	0.3 0.25 0.25	0.6 0.6	门襟 I	0.25	0.65	侧缝 H I1	0.3 0.25	0.65	

（2）根据规格系列进行前衣片样板放缩，如图9-36所示。

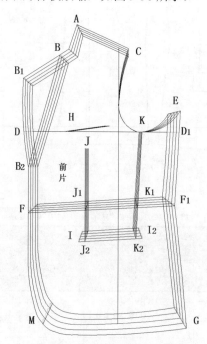

图9-36 男式西装前衣片推板图

（3）建立男西装后衣片档差计算及放缩部位表，单位（cm）。

部位名称	部位代号	档差计算方法		各部位放缩量						备注
		横档差	纵档差	部位	横坐标	纵坐标	部位	横坐标	纵坐标	
袖窿深	A	2/10 领大档差＝0.2	1.5/10 胸围档差（1.5×4/10）＝0.6＋0.1＝0.7	肩颈点 A	0.2	0.7				
后背宽		1.5/10 胸围档差＝0.6		背宽点	0.6	0				
后领口	B		袖窿深差（0.7）－0.05＝0.65	后颈点 B	0	0.65				
后肩宽	C	1/2 肩宽档差＝0.6		肩端点 C	0.6	0.5				
袖窿起翘	D	0.2	0.6	D	0.6	0.2				
后胸围	E E1	1/2 胸围差－前胸围差＝0.6		侧缝 E	0.6	0	背中缝 E1	0	0	
后腰节	F F1		腰节差－袖窿深差＝0.55	侧缝 F	0.6	0.55	背中缝 F1	0	0.55	
后下摆	G G1	（同后胸围差）＝0.6	衣长差－袖窿深差＝1.3	侧缝 G	0.6	1.3	背中缝 G1	0	1.3	
袖山高	A	1/10 胸围档差＝0.4	1/2 袖肥差＝0.35	袖山点 A	0.35	0.4				
后袖山	B	0.7	0.26	B	0.7	0.26				
袖肥	C C1	0.7		外侧缝 C	0.7	0	内侧缝 C1	0	0	
袖肘	D D1	0.6		外侧缝 D	0.6	0.35	内侧缝 D1	0	0.35	
袖口	E E1			外侧缝 E	0.5	1.1	内侧缝 E1	0	1.1	
袖衩	F F1	1/2 胸围差－前胸围差＝0.6		F	0.5	1.1	F1	0.5	1.1	
翻领	G G1	1/2 领围差＝0.5		领尖 G	0.2	0	后中线 G1	0.3	0	

（4）建立男西装领和袖子档差计算及放缩部位表，单位（cm）。

（5）根据规格系列进行后衣片、领、袖的样板放缩，如图9-37所示。

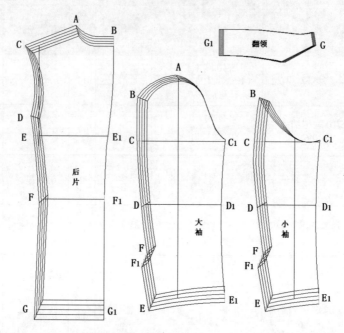

图9-37　男式西装后衣片、领、袖的推板图

附：服装推板经验数值，单位（cm）。

1. 半截群长：传统：2~3，流行时装：3~4。

2. 连衣裙长：传统：3~4，流行时装：4~5。

3. 大衣长：传统：3~4，流行时装：4~5。

4. 裤长：传统：3~4，流行时装：4~5。

5. 立档：传统：0.4~0.6，流行时装：0.6~1。

6. 裤口：传统：0.5~0.7，流行时装：0.7~0.9。

7. 上衣长：传统：2~3，流行时装：3~4。

8. 袖窿深：传统：0.6~0.8，流行时装：0.8~1。

9. 腰节长：传统：1~1.25，流行时装：1.25~1.5。

10. 胸围：2~4（合体），4~8（宽松）。

11. 腰围：2~4（合体），4~8（宽松）。

12. 臀围：2~4（合体），4~8（宽松）。

13. 领围：传统：1~1.5，流行时装：1.5~2。

14. 总肩宽：传统：1~1.5，流行时装：1.5~1.9。

15. 前胸宽：传统：0.6~0.7，流行时装：0.7~0.8。

16. 后背宽：传统：0.6~0.7，流行时装：0.7~0.8。

17. 袖长：传统：1.5~2，流行时装：2~2.5。

18. 袖山：传统：0.4~0.6，流行时装：0.6~0.8。

19. 袖口：传统：0.5~0.7，流行时装：0.7~0.9。

9.6　本章小结

本章以大量篇幅讲解了服装工业用样板的设计方法，包括样板的制作、样板的放缩等，其目的是让读者更加深入地认识到服装工业用样板设计的重要性。

服装的制板、推板是服装设计领域的延续，是艺术和产品完美结合的桥梁。服装的制板、推板工作非常烦琐，费工费时，随着计算机在服装行业中的应用大大提高了服装制板、推板这一环节的工作效率。

近年来服装 CAD 系统专业软件层出不穷，服装行业未来发展的方向一定是计算机代替人工的时代，传统的劳动密集型行业将不复存在，各种服装 CAD 系统将渗透到服装工业的每个角落，它们分别是服装设计系统、服装打板系统、服装推板系统、服装排料系统、服装生产管理系统等。

随着硬件设备的提高，服装 CAD 系统专业软件的不断开发，对于服装从业人员的素质要求越来越高，读者具备较高的综合素质、综合能力是我们培养的目标。

第*10*章 女式时装打板经典案例

本章导读

　　本章为女士时装样板设计综合练习篇，继续利用 AutoCAD 2016 软件，按照春、夏、秋、冬不同季节的女式时装进行分类，列举不同季节、不同款式造型的时装打板案例，包括晚装礼服等，全面进行打板综合练习。

本章知识点

◆ 女式夏装打板案例　　　　　　　　　◆ 女式冬装打板案例
◆ 女式春秋装打板案例　　　　　　　　◆ 女式晚装礼服打板案例

10.1　核心案例——女夏装的打板案例

　　女性时装款式变化丰富，分类方式也很多，总体按季节分类进行样板设计比较简洁、单纯，在本节中主要以案例为主，通过前面章节所学知识进行打板综合练习。

　　下面通过 AutoCAD 2016 对不同款式女夏装的结构设计进行详细介绍，如图 10-1 所示。

图 10-1　女夏装款式

　　利用 AutoCAD 2016 和女装基本型构成原理进行夏装设计。

10.1.1　款式一：盖肩袖连衣裙

设计如图 10-2 所示的款式——盖肩袖连衣裙。

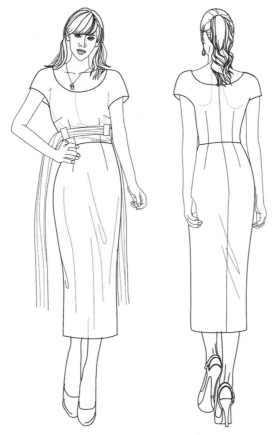

图 10-2　盖肩袖连衣裙款式图

1．建立连衣裙的成品规格尺寸表

成品规格尺寸表　　　　　　　号型：160/84A（盖肩袖连衣裙）　　　　　　单位（cm）

部位 分类	胸围	腰围	臀围	背长	前腰节	总肩宽	颈围	衣裙长	备注
净尺寸	84	66	90	38		40	33.5		
成品尺寸	88	68	94		41		36	90	

2．绘制盖肩袖连衣裙

操作步骤

01 启动 AutoCAD 2016，从样板库中调出女性中间标准体（160/84A）合体衣身的基型样板，如图 10-3 所示。

02 利用【直线】命令 通过基本型样板绘制连衣裙衣身的结构图，胸围取较贴体的松量为 84cm+4cm=88 cm，袖窿深取较合体的量为 0.2B+（2－3）=20~21cm，袖子夹角取较贴体的度数为 55°。前片设计两个腰裥，系绸带增加装饰效果，如图 10-4 所示。

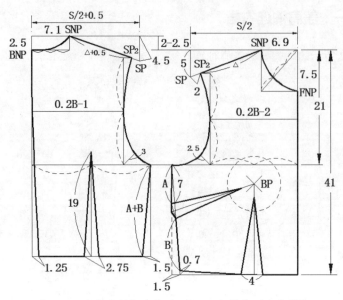

图 10-3 女性中间标准体（160/84A）基本型上衣样板

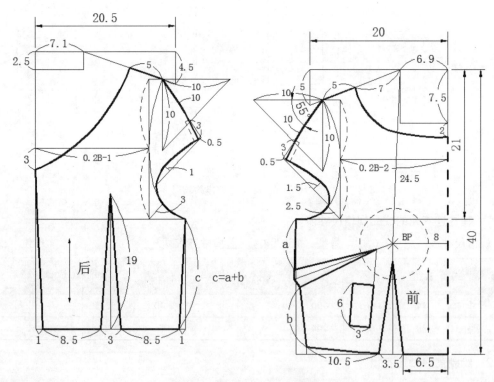

图 10-4 盖肩袖连衣裙结构制图一

技术专题

此款连衣裙从结构上分析是较合体的风格，运用基本型结构设计原理绘制该款结构图快速、准确、方便，在绘制过程中应注意以下要点：①成品胸围、腰围、臀围的取值：胸围加4cm，腰围加2cm，臀围加4cm；②此款连衣裙的袖子为连身袖中的盖肩袖，袖子设计得比较贴体，所以袖中线夹角取55°，不同度数的夹角会产生不同的结构风格，度数越大越贴体。

03 启动 AutoCAD 2016，利用【直线】命令 ✐ 绘制连衣裙裙片的结构图，腰围取较贴体的松量为 66cm+2cm=68 cm，臀围取较合体的松量为 90cm+4cm=94 cm。前裙取两个活褶，如图 10-5 所示。

04 利用【线性标注】 ⊢ 命令等，规范标注，完成盖肩袖连衣裙的结构制图，如图 10-6 所示。

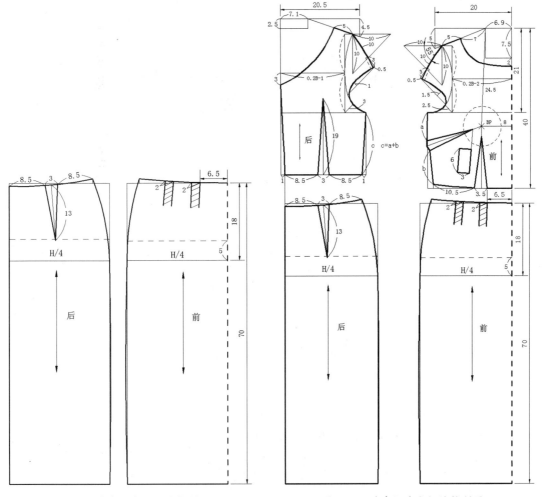

图 10-5　盖肩袖连衣裙结构制图二　　　　　　　图 10-6　盖肩袖连衣裙结构制图三

10.1.2　款式二：半连身袖连衣裙

利用 AutoCAD 2016 和女装基本型构成原理进行半连身袖连衣裙设计，如图 10-7 所示。

图 10-7　半连身袖连衣裙的款式图

1．建立连衣裙的成品规格尺寸表

成品规格尺寸表　　　　　　号型：160/84A　（半连身袖连衣裙）　　　　　单位（cm）

分类＼部位	胸围	腰围	臀围	背长	前腰节	总肩宽	颈围	衣裙长	备注
净尺寸	84	66	90	38		40	33．5		
成品尺寸	90	69	94		39		35	90	

2．绘制半连身袖连衣裙

操作步骤

01 启动 AutoCAD 2016，利用【直线】命令✐绘制连衣裙衣身的基本框架，胸围取较合体的松量为 84cm+6cm=90cm，前片大 0.5cm，后片小 0.5cm，袖窿深取较合体的量为 0.2B+（2-3）=20~21cm，如图 10-8 所示。

02 绘制连衣裙前衣身和前衣袖的结构线，首先做省道转移，将衣身的省道线化为分割线，形成开刀缝，再绘制插肩袖的辅助线，结合开刀缝将插肩袖演变为半连身袖，如图 10-9 所示。

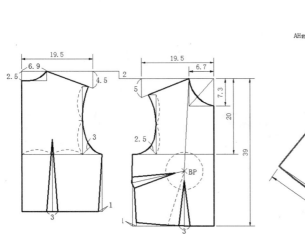

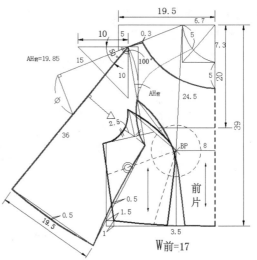

图 10-8　半连身袖连衣裙的绘图步骤一

图 10-9　半连身袖连衣裙的绘图步骤二

技术专题

该款连衣裙的袖子比较特别，属于半连身袖。绘制半连身袖应注意以下几点：①从袖子的结构来说，半连身袖是从插肩袖变化而来的，所以绘制半连身袖之前先绘制好插肩袖的基本框架，袖中心线的夹角决定袖子的结构风格，35°～40°为宽松的风格，45°～50°为合体的风格，55°～60°为贴体的风格，该款取了50°为合体的风格；②SP延伸到达WL有一条虚拟的线是人体正面和侧面的转折线，它与SP水平延长线夹角的大小决定人体胸腰差的大小，我国成年女性A体型的夹角大约为100°，Y体型的夹角大约为105°，B体型的夹角大约为95°，C体型的夹角大约为90°。

03 绘制连衣裙后衣身和后衣袖的结构线，后背省线化为分割线，形成开刀缝，再绘制插肩袖的辅助线，结合开刀缝将插肩袖演变为半连身袖，如图 10-10 所示。

04 绘制连衣裙裙子的结构框架，如图 10-11 所示。

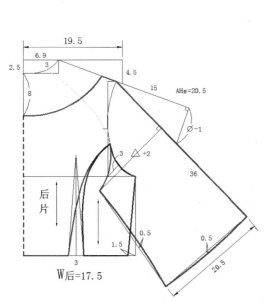

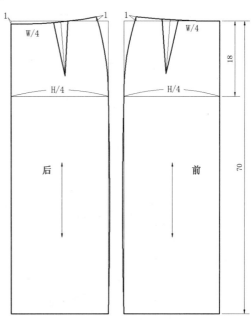

图 10-10　半连身袖连衣裙的绘图步骤三

图 10-11　半连身袖连衣裙的绘图步骤四

05 化腰省为摆，以左后片腰省为基点，将后片分割成两部分，分割开的部分与前片合并，形成不对称设计，如图 10-12 所示。

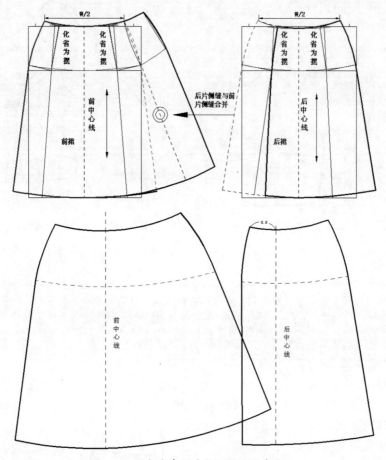

图 10-12　半连身袖连衣裙的绘图步骤五

06 剪开展开，取适当的打褶量，如图 10-13 所示。

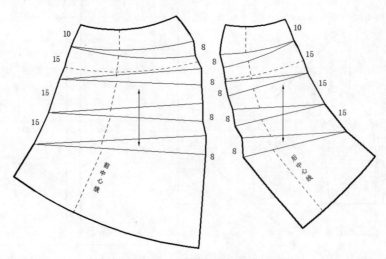

图 10-13　半连身袖连衣裙的绘图步骤六

07 规范标注，完成半连身袖连衣裙的结构制图，如图 10-14 所示。

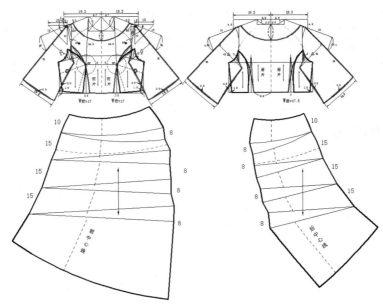

图 10-14 半连身袖连衣裙的绘图步骤七

10.1.3 款式三：荡领连衣裙

利用 AutoCAD 2016 和女装基本型构成原理完成荡领连衣裙设计，如图 10-15 所示。

图 10-15 荡领连衣裙的款式图

1．建立连衣裙的成品规格尺寸表

成品规格尺寸表　　　　　号型：160/84A（荡领连衣裙）　　　　　单位（cm）

分类 \ 部位	胸围	腰围	臀围	背长	前腰节	总肩宽	颈围	衣裙长	备注
净尺寸	84	66	90	38		40	33.5		
成品尺寸	90	70	94		41		36	90	

2．绘制荡领连衣裙

操作步骤

01 启动 AutoCAD 2016，利用【直线】命令 绘制连衣裙衣身的基本框架，胸围取较合体的松量为 84cm+6cm=90cm，前片大 0.5cm，后片小 0.5cm，袖窿深取较合体的量为 0.2B+（2－3）=20~21cm，如图 10-16 所示。

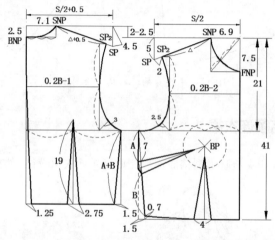

图 10-16　荡领连衣裙的绘图步骤一

02 ①省道转移，通过旋转方法将胸腰省、腋下省全部转移至门襟；②利用剪开展开方法将门襟、肩部展开给出垂褶的量，如图 10-17 所示。

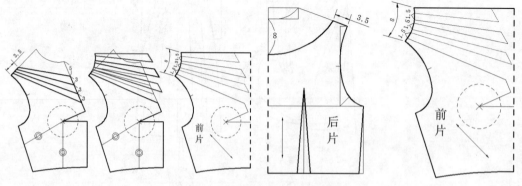

图 10-17　荡领连衣裙的绘图步骤二

03 绘制带裥的长袖，①绘制贴体长袖的基本结构框架，袖山高取 14~15cm 为贴体袖型的量，袖长取 54~56cm，袖口取 11cm；②在袖肘线处剪开展开，放出打裥的量，补正画圆顺即完成该贴体打褶长袖的结构图，如图 10-18 所示。

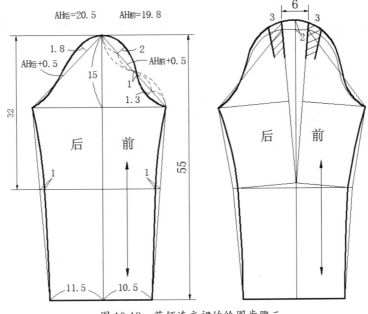

图 10-18　荡领连衣裙的绘图步骤三

04 根据前面章节所学知识绘制裙片，①绘制衬裙，②绘制斜裙，如图 10-19 和图 10-20 所示。

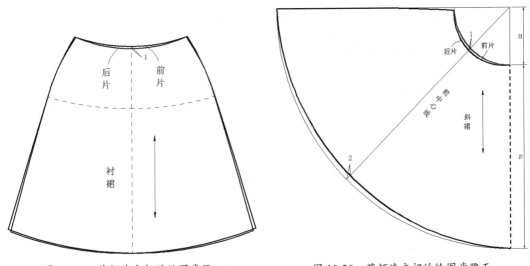

图 10-19　荡领连衣裙的绘图步骤四　　　图 10-20　荡领连衣裙的绘图步骤五

技术专题

女式夏装的设计与变化最为丰富，款式上：有背心、衬衫、连衣裙、中裤、短裤等；结构上：有长有短、有贴体有宽松，有收省、有抽褶也有打褶等。不管款式如何变化，结构复杂还是简单，在打制样板过程中都离不开基型样板，所有的结构制图都建立在基本型基础之上。

　　通过计算机利用基本型进行款式设计和结构设计是服装设计人员的必经之路，计算机能够存储大量信息，基础样板库的建立为我们设计和创作提供了丰富的资源，调用基本型进行设计和创作省时省力，设计师可以用更多的时间去构思款式、分析结构和工艺。

10.2 核心案例——女春秋装的打板案例

下面通过 AutoCAD 2016 对不同款式女春秋装的结构设计进行详细介绍，如图 10-21 所示。

图 10-21　女春秋装款式

利用 AutoCAD 2016 和女装基本型构成原理进行春秋装设计。

10.2.1　款式一：时尚西装背心

利用 AutoCAD 2016 和女装基本型构成原理进行春秋装设计，如图 10-22 所示。

图 10-22　时尚背心的款式图

1．建立春秋装外套的成品规格尺寸表

	部位 分类	胸围	腰围	臀围	背长	前腰节	总肩宽	颈围	衣长	备注
成品规格尺寸表				号型：160/84A （西装背心）					单位（cm）	
净尺寸		84	66	90	38		40	33．5		
成品尺寸		90	78			41			54	

2．绘制时尚西装背心

操作步骤

01 启动 AutoCAD 2016，从文件库中调出 160/84A 贴体单件上衣的基本型，胸围取较合体的松量为 84cm+6cm=90cm，腰围取较合适的松量为 66cm+12cm=78cm，臀部画顺即可，袖窿深取较深的量为 0.2B+（5−6）=23~24cm，如图 10-23 所示。

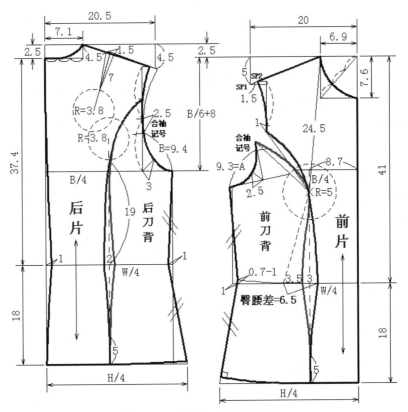

图 10-23　时尚背心的结构制图一

02 通过开刀缝基本型框架，利用【直线】命令 ✐、【多段线】命令 ↩ 绘制时尚西装背心的结构线，如图 10-24 所示。

03 利用【直线】命令 ✐、【多段线】命令 ↩ 绘制时尚西装背心的内部结构线，包括前门襟的挂面，后背的贴边以及里衬，如图 10-25 所示。

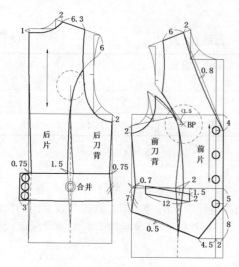

图 10-24 时尚背心的结构制图二

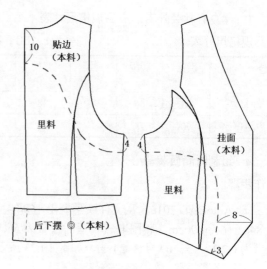

图 10-25 时尚背心的结构制图三

技术专题

西式背心款式变化非常丰富，有长款短款、贴体宽松等。该款西装背心款式比较时尚，衣长比较短，在传统的西式背心基础上有所变化，从结构上讲属于合体的风格。在绘制结构图时首先要充分考虑时尚元素，结合女性体型特征，将女性优美曲线展现出来，所以该款运用了最具表现能力的分割线形成开刀缝，尽量突出胸部造型，后片分割成3个部分，后衣摆合并为整片，做一些细节上的变化而使其不单调。其次里子的挂面、贴边，以及衬里的结构构成要大气，工艺性要强。

10.2.2 款式二：立领中袖春装外套

利用 AutoCAD 2016 和女装基本型构成原理进行立领中袖春装外套的设计，如图 10-26 所示。

图 10-26 春装外套款式图

1．建立春秋装外套的成品规格尺寸表

成品规格尺寸表　　　　　　　　号型：160/84A （立领中袖）　　　　　　单位（cm）

分类 \ 部位	胸围	腰围	臀围	背长	前腰节	总肩宽	颈围	衣长	备注
净尺寸	84	66	90	38		40	33．5		
成品尺寸	88	72	98		41		36	55	

2．绘制立领中袖春装外套

操作步骤

01 启动 AutoCAD 2016，从文件库里调出 160/84A 贴体单件上衣的基本型，胸围取较贴体的松量为 84cm+4cm=88cm，腰围取较贴体的松量为 66cm+6cm=72cm，臀围取较贴体的松量为 90cm+8cm=98cm，袖窿深取较贴体的量为 0.2B+（4－5）=21~22cm，如图 10-27 所示。

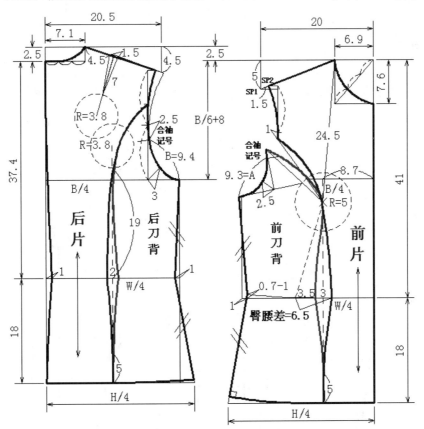

图 10-27 春装外套结构制图一

02 从文件库中调出 160/84A 贴体单件上衣袖子的基本型，该袖为两片袖，袖长为 56cm，如图 10-28 所示。

03 通过开刀缝基本型框架，利用【直线】命令、【多段线】命令绘制前身和后背，如图 10-29 所示。

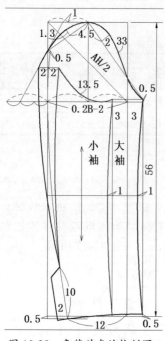

图 10-28　春装外套结构制图二

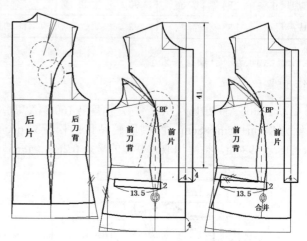

图 10-29　春装外套结构制图三

04 利用【直线】命令 ✎、【多段线】命令 ⌐ 绘制贴体的袖子和立领，如图 10-30 所示。

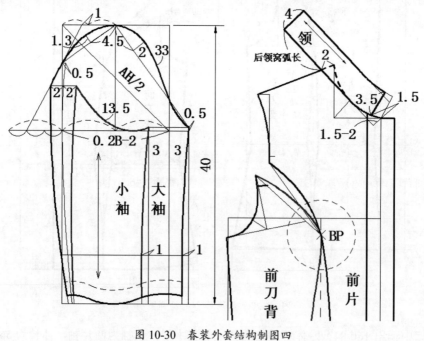

图 10-30　春装外套结构制图四

10.2.3　款式三：时装风衣

利用 AutoCAD 2016 和女装基本型构成原理进行时装风衣的设计，如图 10-31 所示。

图 10-31　时尚风衣款式图

1. 建立春秋装外套的成品规格尺寸表

成品规格尺寸表　　　　　　　　号型：160/84A （中长风衣）　　　　　　　　单位（cm）

分类＼部位	胸围	腰围	臀围	背长	前腰节	总肩宽	颈围	衣长	备注
净尺寸	84	66	90	38		40	33.5		
成品尺寸	94	78	104		41		36	100	

2. 绘制立领中袖春秋装外套

操作步骤

01 启动 AutoCAD 2016，从文件库里调出 160/84A 贴体单件上衣的基本型，胸围取合体的松量为 84cm+10cm=94cm，腰围取合体的松量为 66cm+12cm=78cm，臀围取合体的松量为 90cm+14cm=104cm，袖窿深取较合体的量为 0.2B+（5—6）=23~24cm，如图 10-32 所示。

02 从文件库里调出 160/84A 贴体单件上衣袖子的基本型，该袖为两片袖，袖长为 56，如图 10-33 所示。

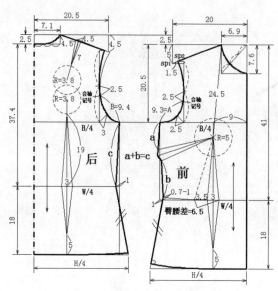 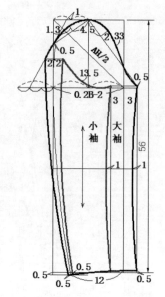

图 10-32　时尚风衣的结构制图一　　　　图 10-33　时尚风衣的结构制图二

03 ①利用【直线】命令／、【多段线】命令⤵绘制前领窝弧线、后领窝弧线；②绘制双排扣门襟，确定纽扣位置；③省道转移，利用【角度】命令△量取角度，通过剪开旋转的方法将腋下省转移至肩部，如图 10-34 和图 10-35 所示。

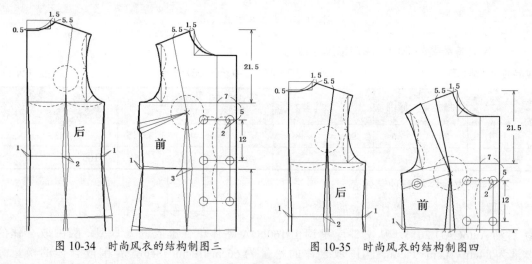

图 10-34　时尚风衣的结构制图三　　　　图 10-35　时尚风衣的结构制图四

04 ①利用【直线】命令／、【多段线】命令⤵绘制前后衣摆；②标注尺寸，完成风衣的结构框架的绘制，如图 10-36 所示。

05 ①利用【直线】命令／、【多段线】命令⤵化省为分割线；②调整好省和衣摆的具体尺寸，③标注尺寸，如图 10-37~ 图 10-39 所示。

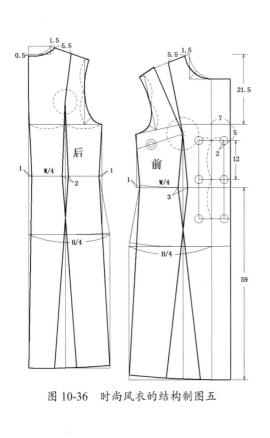

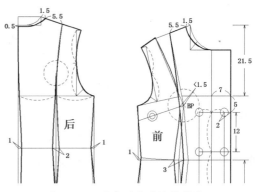

图 10-36　时尚风衣的结构制图五

图 10-37　时尚风衣的结构制图六

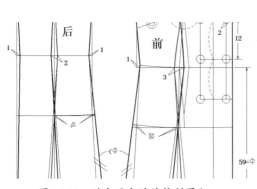

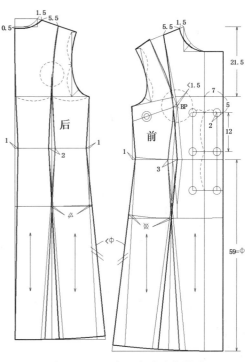

图 10-38　时尚风衣的结构制图七

图 10-39　时尚风衣的结构制图八

06 ①利用【直线】命令 、【多段线】命令 绘制口袋、腰祥、肩复司及装饰物等；②绘制风衣领；③标注尺寸，如图 10-40 和图 10-41 所示。

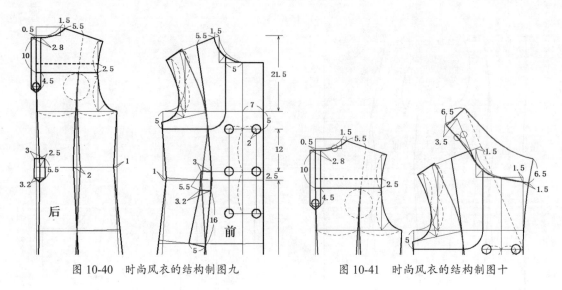

图 10-40　时尚风衣的结构制图九　　　　　图 10-41　时尚风衣的结构制图十

07 ①通过【直线】命令✐、【多段线】命令↩，利用大小袖的基本型绘制风衣的袖子；②标注尺寸完成结构图的绘制，如图 10-42 所示。

08 调整结构线，统一标注，完成风衣的结构制图，如图 10-43 所示。

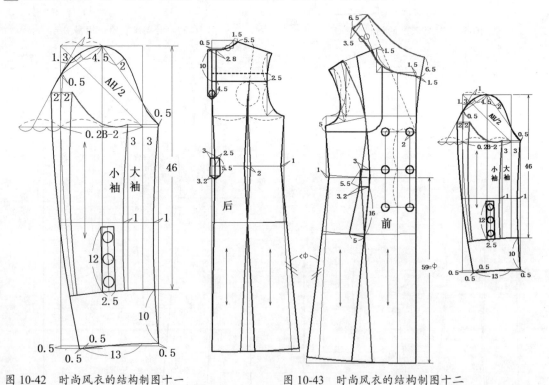

图 10-42　时尚风衣的结构制图十一　　　　　图 10-43　时尚风衣的结构制图十二

<h2>10.3　核心案例——女冬装的打板案例</h2>

下面通过 AutoCAD 2016 对不同款式女冬装的结构设计进行详细介绍，如图 10-44 所示。

图 10-44　女冬秋装款式

10.3.1　款式一：时装短大衣

利用 AutoCAD 2016 和女装基本型构成原理进行时装短大衣设计，如图 10-45 所示。

图 10-45　时尚短大衣的款式图

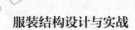

服装结构设计与实战

1. 建立冬装外套的成品规格尺寸表

成品规格尺寸表　　　　　　　　　　号型：160/84A（短大衣）　　　　　　　　单位（cm）

部位 分类	胸围	腰围	臀围	背长	前腰节	总肩宽	颈围	衣长	备注
净尺寸	84	66	90	38		40	33.5		
成品尺寸	94	78	104		41		36	97	

2. 绘制冬装短大衣

操作步骤

01 启动 AutoCAD 2016，从文件库中调出 160/84A 贴体单件上衣的基本型，胸围取合体的松量为 84cm+10cm=94cm，腰围取合体的松量为 66cm+12cm=78cm，臀围取合体的松量为 90cm+14cm=104cm，袖窿深取较合体的量为 0.2B+（5－6）=23~24cm，如图 10-46 所示。

02 从文件库中调出 160/84A 贴体单件上衣袖子的基本型，该袖为两片袖，袖长为 56cm，如图 10-47 所示。

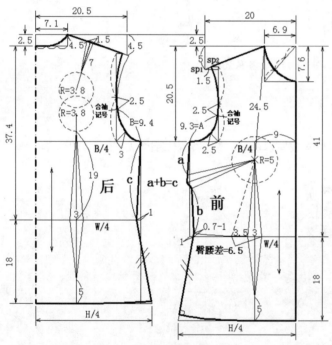

图 10-46　时尚短大衣的结构制图一

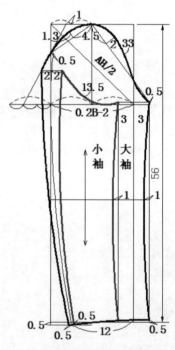

图 10-47　时尚短大衣的结构制图二

03 ①利用【直线】命令、【多段线】命令绘制前领窝弧线、后领窝弧线；②绘制双排扣门襟，确定纽扣位置；③绘制大衣衣袖和大衣领；④标注尺寸，如图 10-48 所示。

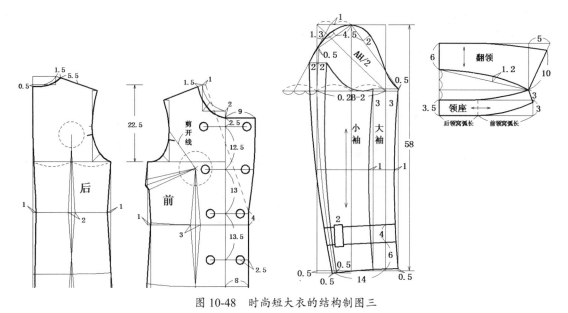

图 10-48　时尚短大衣的结构制图三

04 ①利用【直线】命令 ✎、【多段线】命令 ⤵ 绘制前后衣摆；②省道转移，通过【角度】命令 △ 量取角度，按照剪开旋转的方法将腋下省转移至袖窿；③标注尺寸，完成短大衣的结构框架绘制，如图 10-49 所示。

05 ①利用【直线】命令 ✎、【多段线】命令 ⤵ 化省为分割线；②调整好省和衣摆的具体尺寸；③标注尺寸，如图 10-50 所示。

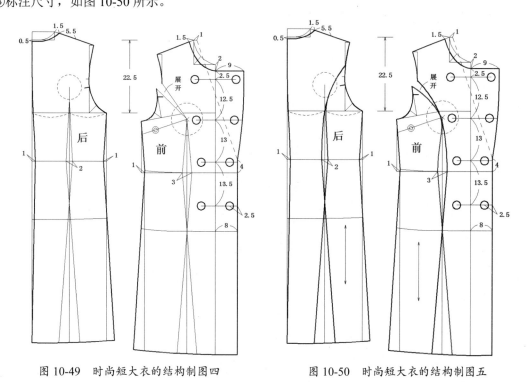

图 10-49　时尚短大衣的结构制图四　　　　图 10-50　时尚短大衣的结构制图五

06 ①利用【直线】命令 ✎、【多段线】命令 ⤵ 绘制口袋、后衣摆及装饰物等；②标注尺寸完成时装短大衣的结构制图，如图 10-51 所示。

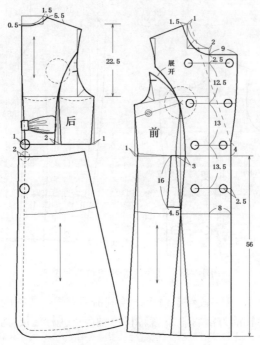

图 10-51　时尚短大衣的结构制图六

10.3.2　款式二：时尚带帽中长大衣

利用 AutoCAD 2016 和女装基本型构成原理进行时尚带帽中长大衣设计，如图 10-52 所示。

图 10-52　带帽时尚中长大衣的款式图

1．建立冬装外套的成品规格尺寸表

成品规格尺寸表　　　　　　　　号型：160/84A（带帽大衣）　　　　　　　单位（cm）

分类　部位	胸围	腰围	臀围	背长	前腰节	总肩宽	颈围	衣长	头围
净尺寸	84	66	90	38		40	33．5		56
成品尺寸	92	76	102		41		36	100	58

2．绘制时尚中长大衣

操作步骤

01 启动 AutoCAD 2016，从文件库中调出 160/84A 贴体单件上衣的基本型，胸围取较合体的松量为 84cm+8cm=92cm，腰围取较合体的松量为 66cm+10cm=76cm，臀围取较合体的松量为 90cm+12cm=102cm，袖窿深取较贴体的量为 0.2B+（4－5）=22~23cm，如图 10-53 所示。

02 从文件库中调出 160/84A 贴体单件上衣袖子的基本型，该袖为两片袖，袖长为 56，如图 10-54 所示。

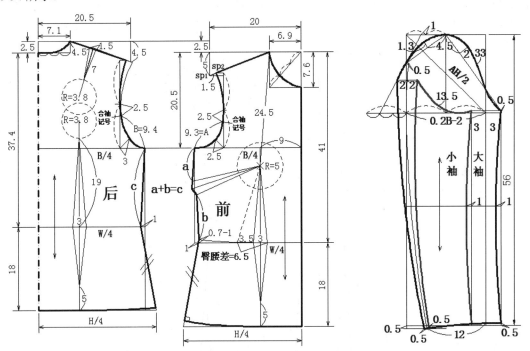

图 10-53　时尚中长大衣的结构制图一　　　　图 10-54　时尚中长大衣的结构制图二

03 ①利用【直线】命令、【多段线】命令绘制前领窝弧线、后领窝弧线；②绘制双排扣门襟，确定纽扣位置；③省道转移，利用【角度】命令量取角度，通过剪开旋转的方法将腋下省转移至肩部，如图 10-55 和图 10-56 所示。

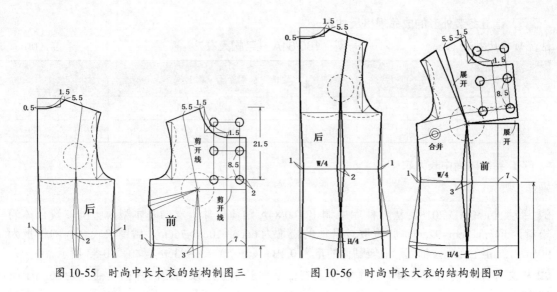

图 10-55 时尚中长大衣的结构制图三　　　　图 10-56 时尚中长大衣的结构制图四

04 ①利用【直线】命令 ✏、【多段线】命令 ↪ 绘制前后衣摆；②标注尺寸，完成大衣的结构框架，如图 10-57 所示。

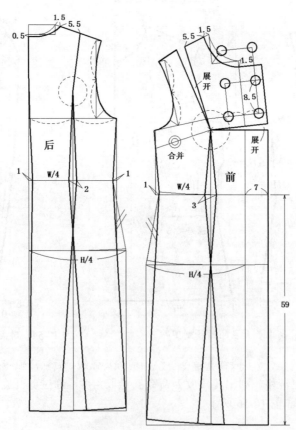

图 10-57 时尚中长大衣的结构制图五

05 ①利用【直线】命令 ✏、【多段线】命令 ↪ 化省为分割线；②调整好省和衣摆的具体尺寸；③标注尺寸，如图 10-58 和图 10-59 所示。

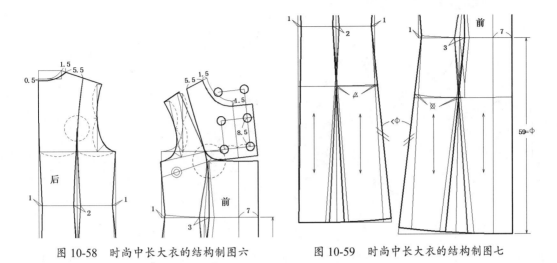

图 10-58　时尚中长大衣的结构制图六　　　　图 10-59　时尚中长大衣的结构制图七

06 ①利用【直线】命令 ✎、【多段线】命令 ⤵ 绘制口袋、腰袢、育克及装饰物等；②绘制大衣前后褶裥；③规范标注尺寸，完成大衣衣身的结构制图，如图 10-60 所示。

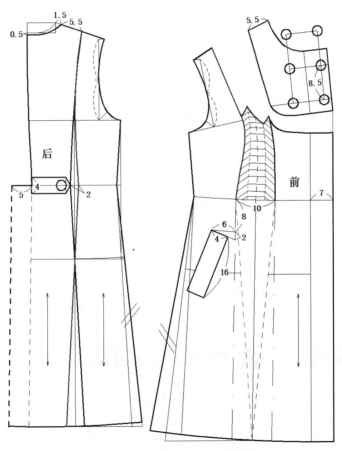

图 10-60　时尚中长大衣的结构制图八

07 ①通过【直线】命令 ✎、【多段线】命令 ⤵ 绘制帽子，先绘制好衣身上的帽子弧线；②标注尺寸，完成帽子的结构图绘制，如图 10-61 和图 10-62 所示。

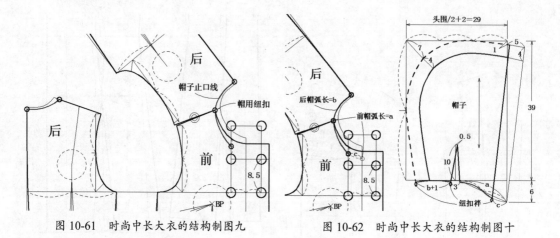

图 10-61　时尚中长大衣的结构制图九　　　　图 10-62　时尚中长大衣的结构制图十

08 ①将帽子纸样展开，绘制纽扣袢；②绘制立领，统一标注，完成结构制图，如图 10-63 所示。

09 利用大小袖的基本型绘制大衣的袖子，如图 10-64 所示。

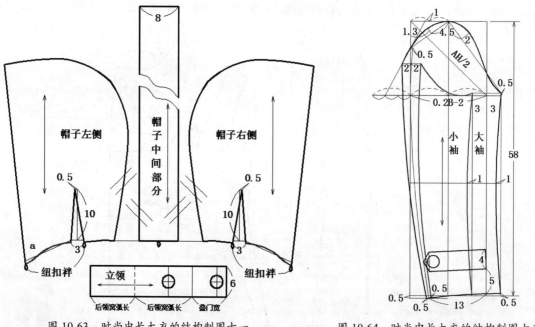

图 10-63　时尚中长大衣的结构制图十一　　　　图 10-64　时尚中长大衣的结构制图十二

10.4　核心案例——女式晚装礼服的结构设计

　　服装之美是艺术美与实用美的完美结合，服装之美是人、服装、着装环境三者为统一整体中产生的艺术效果。

　　晚装礼服是女式服装中最美的表现，运用的设计手法最丰富，如比例之美、平衡之美、旋律之美、协调之美等，另外结构构成复杂多样，如对称形式与不对称形式的结合、长与短形式的结合等。对于服装设计师来说，可以充分运用各种形式美法则，发挥创造性的审美能力，以一件艺术作品的形式进行创作。

晚装礼服的款式设计和结构丰富多彩，有袒胸式、露背式，长裙、短裙的搭配，窄裙、宽裙的结合等，如图 10-65 所示。

本节核心进阶案例以 AutoCAD 2016 软件为主，利用款式、结构比较复杂的晚装、礼服作为设计案例，重点讲解几款豪华、高贵、袒肩露背、低胸的晚礼服的结构设计，以下几款都是以显示女性美丽、多姿的体型和肌肤的款式风格，如图 10-66 所示。

图 10-65　晚装礼服的效果图一

图 10-66　晚装礼服的效果图二

10.4.1　款式一：婚纱式样礼服

这是一款较为典型的婚纱式样的礼服，衣身简洁贴体、露肩、露背、时尚性感，裙子宽松大气，如图 10-66（中）所示。

1. 建立礼服的成品规格尺寸表

成品规格尺寸表　　　　　　号型：175/84A（婚纱式样礼服）　　　　　　单位（cm）

分类　　部位	胸围	腰围	臀围	背长	前腰节	总肩宽	颈围	衣裙长	备注
净尺寸	84	66	90	41		40	33.5		
成品尺寸	90	68	90		44		36	172	

2. 绘制婚纱式礼服

操作步骤

01 启动 AutoCAD 2016，利用【直线】命令✐绘制 175/84A 礼服上衣的基本框架，胸围取较合体的松量为 84cm+6cm=90cm，袖窿深取较贴体的量为 0.2B+（1—2）=19~20cm，如图 10-67 所示。

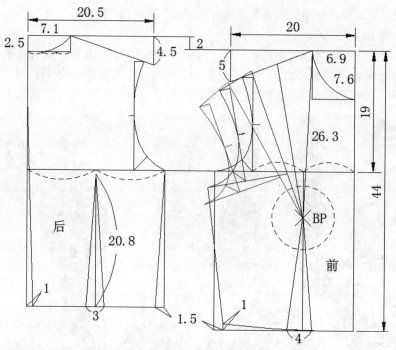

图 10-67　晚装礼服的结构制图一

02 绘制 175/84A 礼服上衣的结构线，①绘制前片的分割线；②绘制后片的分割线；③绘制后片的系带祥和里衬垫布，如图 10-68 和图 10-69 所示。

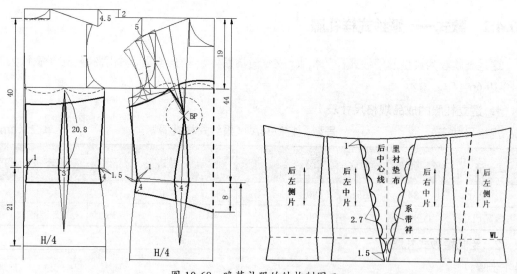

图 10-68　晚装礼服的结构制图二

03 绘制 175/84A 礼服衬裙的结构线，将四片裙基型样板化省为摆，即得到礼服衬裙，如图 10-70 所示。

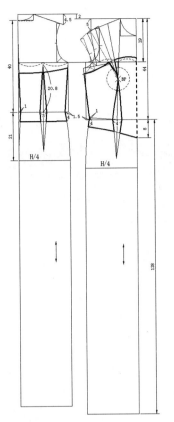
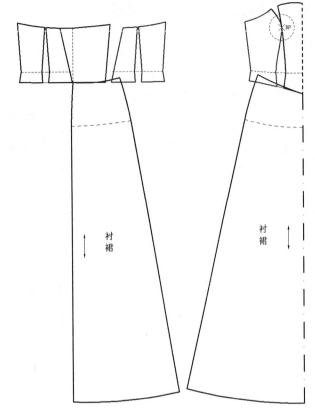

图 10-69　晚装礼服的结构制图三

图 10-70　晚装礼服的结构制图四

04 绘制 175/84A 礼服裙纱的结构线，将前后衬裙按照一定的量剪开展开给出抽褶的量，得到裙纱的结构图，如图 10-71 和图 10-72 所示。

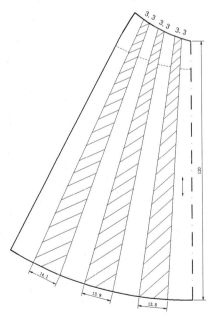
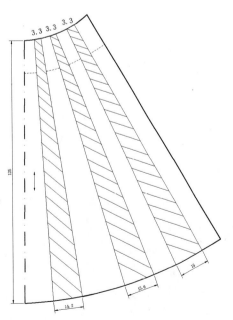

图 10-71　晚装礼服的结构制图五

图 10-72　晚装礼服的结构制图六

10.4.2 款式二：晚装式样礼服

这是一款较为典型的晚装式样的礼服，衣身简洁贴体、露肩、露背、时尚性感，裙子柔和自然下垂，如图 10-66（左）所示。

1. 建立礼服的成品规格尺寸表

成品规格尺寸表　　　　　　　　　　号型：175/84A（晚装式样礼服）　　　　　　单位（cm）

分类＼部位	胸围	腰围	臀围	背长	前腰节	总肩宽	颈围	衣裙长	备注
净尺寸	84	66	90	41		40	33.5		
成品尺寸	90	68	90		44		36	90	

2. 绘制晚装式样礼服

操作步骤

01 启动 AutoCAD 2016，利用【直线】命令 ✐ 绘制 175/84A 礼服上衣的基本框架，胸围取较合体的松量为 84cm+6cm=90cm，袖窿深取较贴体的量为 0.2B+（1-2）=19~20cm，如图 10-73~ 图 10-76 所示。

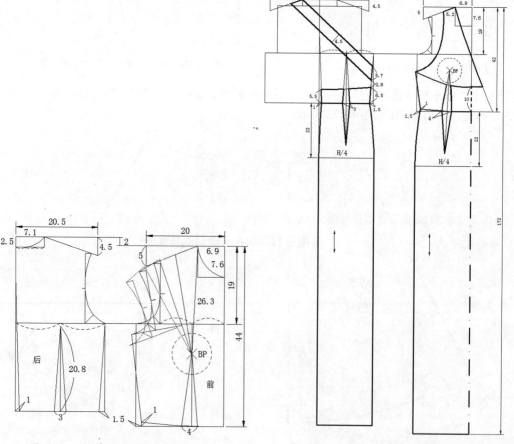

图 10-73　晚装礼服的结构制图七　　　　　　图 10-74　晚装礼服的结构制图八

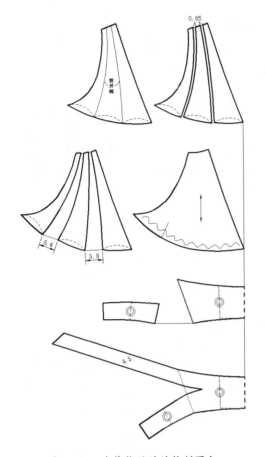

图 10-75 晚装礼服的结构制图九

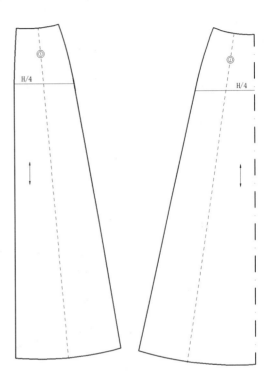

图 10-76 晚装礼服的结构制图十

10.4.3 款式三：晚装式样礼服

这是一款较为典型的晚装式样的礼服，衣身简洁贴体，采用不对称设计，露肩、露背，时尚性感，裙子轻柔飘逸，如图 10-66（右）所示。

1. 建立礼服的成品规格尺寸表

| 成品规格尺寸表 | | | | 号型：175/84A（晚装式样礼服） | | | | 单位（cm） |

部位 分类	胸围	腰围	臀围	背长	前腰节	总肩宽	颈围	衣裙长	备注
净尺寸	84	66	90	41		40	33.5		
成品尺寸	90	68	90		44		36	90	

2. 绘制晚装式样礼服

操作步骤

01 启动 AutoCAD 2016，利用【直线】命令绘制 175/84A 礼服上衣的基本框架，胸围取较合体的松量为 84cm+6cm=90cm，袖窿深取较贴体的量为 0.2B+（1—2）=19~20cm，如图 10-77~ 图 10-80 所示。

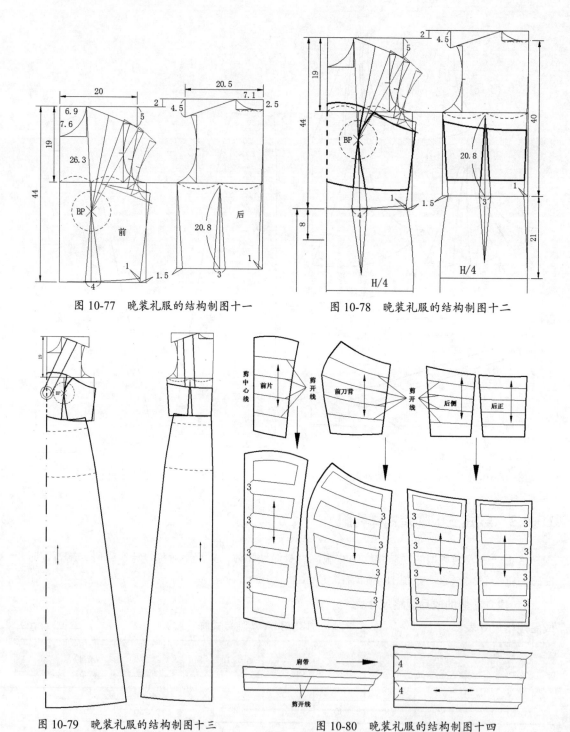

图 10-77　晚装礼服的结构制图十一

图 10-78　晚装礼服的结构制图十二

图 10-79　晚装礼服的结构制图十三

图 10-80　晚装礼服的结构制图十四

10.4.4　款式四：旗袍式样礼服

这是两款典型的中西结合的礼服，从旗袍演变而来，衣身简洁贴体，低胸、露背，裙子长而窄，修身性感，充分体现女性高贵、典雅的气质，如图 10-81 所示。

图 10-81　旗袍式礼服的款式图

1．建立礼服的成品规格尺寸表

成品规格尺寸表				号型：160/84A（旗袍式）				单位（cm）	
部位 分类	胸围	腰围	臀围	背长	前腰节	总肩宽	颈围	衣裙长	备注
净尺寸	84	66	90	38		40	33．5		
成品尺寸	88	68	92		41			140	

2．绘制旗袍式礼服

操作步骤

01 启动 AutoCAD 2016，利用【直线】命令 ✐ 绘制礼服衣身的基本框架，胸围取较贴体的松量为 84cm+4cm=88cm，前片大 0.5cm，后片小 0.5cm，袖窿深取较合体的量为 0.2B+（1－2）18.6~19.6cm，如图 10-82 所示。

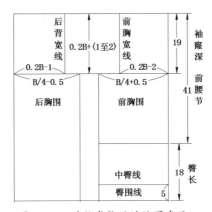

图 10-82　旗袍式礼服的绘图步骤一

02 绘制礼服衣身的前、后片的结构点；找到胸乳点的正确位置；用人体净尺寸的臀腰差做第一次省道转移，绘制好相应的辅助线，如图 10-83 所示。

03 做省道转移，将腋下省转移至肩上，如图 10-84 所示。

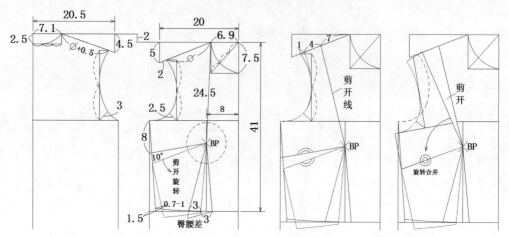

图 10-83　旗袍式礼服的绘图步骤二　　　　图 10-84　旗袍式礼服的绘图步骤三

04 将前腰省全部转移至肩上，得到胸上围的缩减量，后片缩减量等于前片，如图 10-85 所示。

05 化省为公主缝，完成前片侧缝线，根据前片绘制好后片的辅助线，仔细分析款式图，将后片比较复杂的结构线绘制好，标注尺寸完成衣身的主要结构线绘制，如图 10-86~ 图 10-90 所示。

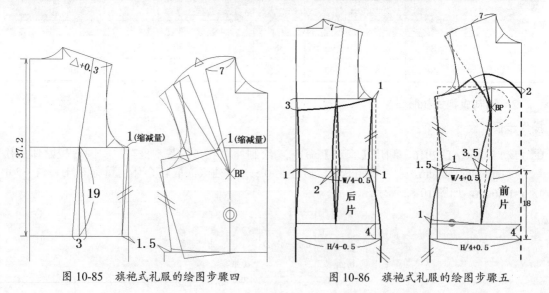

图 10-85　旗袍式礼服的绘图步骤四　　　　图 10-86　旗袍式礼服的绘图步骤五

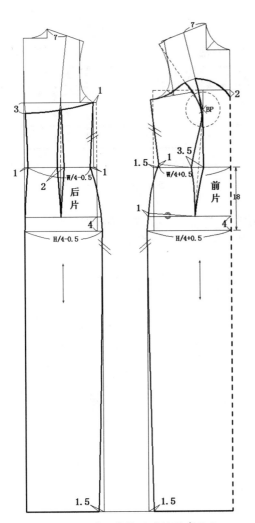

图 10-87　旗袍式礼服的绘图步骤六

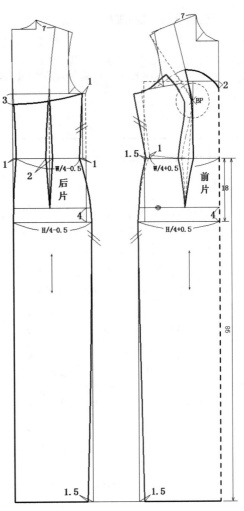

图 10-88　旗袍式礼服的绘图步骤七

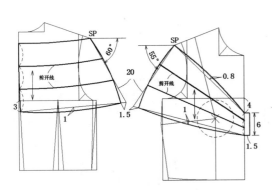

图 10-89　旗袍式礼服的绘图步骤八

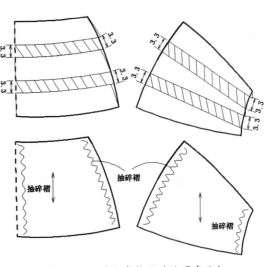

图 10-90　旗袍式礼服的绘图步骤九

1. 建立礼服的成品规格尺寸表

分类＼部位	胸围	腰围	臀围	背长	前腰节	总肩宽	颈围	衣裙长	备注
净尺寸	84	66	90	38		40	33.5		
成品尺寸	88	68	92		41			140	

成品规格尺寸表　　　　　号型：160/84A （旗袍式）　　　　单位（cm）

2. 绘制旗袍式礼服

操作步骤

01 启动 AutoCAD 2016，利用【直线】命令✏️绘制礼服的基本框架，胸围取较贴体的松量为 84cm+4cm=88cm，前片大 0.5cm，后片小 0.5cm，袖窿深取较合体的量为 0.2B+（1－2）=18.6~19.6cm，如图 10-91 所示。

02 绘制礼服衣身的前、后片结构点；找到胸乳点的正确位置；用人体净尺寸的臀腰差做第一次省道转移，绘制好相应的辅助线，如图 10-92 所示。

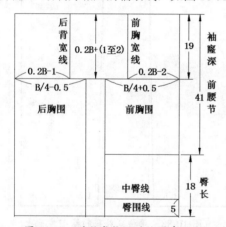

图 10-91　旗袍式礼服的绘图步骤十

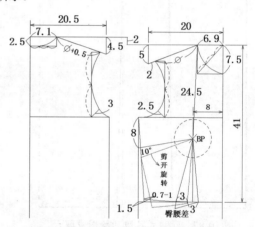

图 10-92　旗袍式礼服的绘图步骤十一

03 做省道转移，将腋下省转移至袖窿，如图 10-93 所示。

04 将前腰省全部转移至袖窿得到胸上围的缩减量，后片缩减量等于前片，如图 10-94 所示。

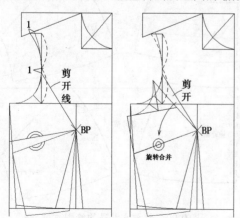

图 10-93　旗袍式礼服的绘图步骤十二

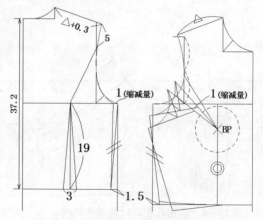

图 10-94　旗袍式礼服的绘图步骤十三

05 化省为公主缝，绘制胸前装饰孔的结构线，绘制裙衩，如图10-95和图10-96所示。

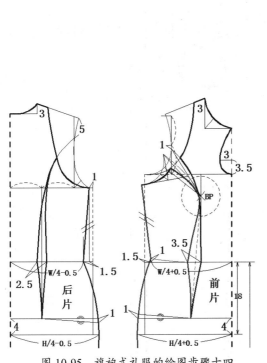

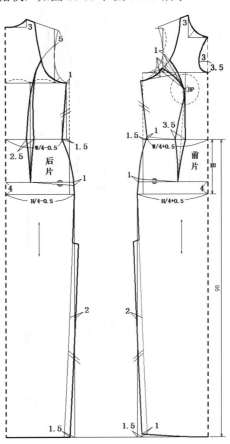

图 10-95　旗袍式礼服的绘图步骤十四

图 10-96　旗袍式礼服的绘图步骤十五

绘制旗袍式立领，如图10-97所示。

06 展开公主缝，给出缝合的量，规范标注完成礼服的结构制图，如图10-98和图10-99所示。

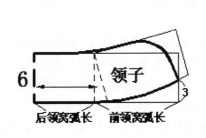

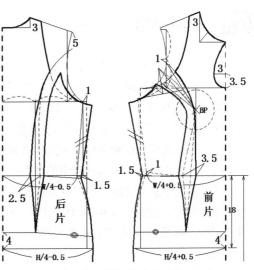

图 10-97　旗袍式礼服的绘图步骤十六

图 10-98　旗袍式礼服的绘图步骤十七

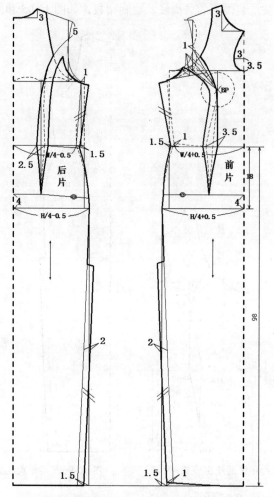

图 10-99　旗袍式礼服的绘图步骤十八

10.5　本章小结

本章主要为理论和实践相结合的教学，是要重点掌握的内容。

1. 本章运用大量篇幅、众多的范例讲解了不同季节、不同场所、不同风格女装的结构设计，案例中的款式都偏重于突出表现女性娟秀体态、追求时尚的风格，有简洁大方的外套，有装饰多褶的连身款式，有日常生活装，还有晚装礼服等。

所列举的款式其外部轮廓与内部结构多采用曲线或曲线直线结合的形式，体现了幽雅与实用的完美结合。读者可以通过本章列举的案例，学到更多女装结构设计原理及其运用方式。

2. 核心案例中重点讲解了礼服晚装的结构设计，通过几款典型案例将结构比较复杂的晚装礼服进行分步讲解，上衣复杂的结构样板做了一一分解，详细阐述了横向分割、纵向分割、省道转移、抽褶打裥等，其目的就是要读者掌握要领，学会独立完成复杂款式的结构设计，并得到举一反三的能力。

第 *11* 章 男式时装打板经典案例

本章导读

　　本章专业讲授如何运用 AutoCAD 对男式服装样板进行设计，内容涉及到男式基础样板的制作原理、我国成年男性成衣规格号型系列，以及男式服装的结构设计案例，让读者学会运用计算机辅助完成成衣样板的设计方法。

本章知识点

◆ 男装样板设计技术与要点　　　　　　◆ 男式西装结构制图方法
◆ 男上装结构设计原理　　　　　　　　◆ 男式风衣结构制图方法
◆ 男式衬衫结构制图方法

11.1　男装样板设计的技术与要点

　　男装的款式变化、结构构成相对于女装来说比较单调，远远不及女装那么丰富多彩。男装长期以来比较注重程式化、标准化，样板也相对比较固定，在正式场合下多以西装为主，平时穿着多以一些基本型休闲类服装，如 T 恤、休闲衬衫、夹克、风衣等为主。

　　男装的款式设计和结构构成通常比较简洁潇洒、稳健庄重，比较重视样板板型、做工工艺、面料质地等。

11.1.1　男上装的结构设计要素

　　男上装的结构设计比较简洁，特别是内部结构线变化不多，设计者考虑更多的是款式造型。在服装的结构设计中女装的结构设计主要是围绕着女性的 BP 和其他中枢圆对胸部、腰部、臀部等进行结构上的设计，突出女性圆润、丰满特有的曲线美，而男装的结构设计要根据男性人体体型结构的特点，运用粗直、刚劲的线条表现男性体型健壮、魁梧的风貌。所以需要掌握的是男式服装不同于女式服装的设计要素，男式服装设计要素通常为以下几点。

　　➤ 季节：春、夏、秋、冬不同的季节对服装的结构设计与变化有着重要的影响。
　　➤ 外形：男装外形的变化可以形成不同的款式。
　　➤ 功能性：男士着装比较注重服装的功能性，不同的场所有不同功能性的服装。

11.1.2　男上装的结构设计原理

　　男式上装的结构设计即样板设计相对比较固定，板型变化也不大，根据不同的款式有不同的基本型，所以男装的结构设计主要采用间接法中的基型法打制样板。

范例——通用男上装的基本型

利用 AutoCAD 2016 表格工具建立成品规格尺寸表。

成品规格尺寸表　　　　　号型：170/88A（通用基本型）　　　　　单位（cm）

分类 \ 部位	胸围	腰围	臀围	颈围	总肩宽	前长	背长	备注
净尺寸	88	74	90	36.8	43.6	42.5	42.5	
成品尺寸	106			39	46	42.5	42.5	

利用 AutoCAD 2016 绘制 170/88A 男上装的通用基本型。

操作步骤

01 启动 AutoCAD 2016，利用【直线】命令 ✐ 绘制基本型的结构框架。①绘制上平线、下平线；②绘制袖窿深线；③前、后肩斜线；④绘制前、后领口大小，如图 11-1 所示。

02 利用【直线】命令 ✐、【多段线】命令 ⊃ 绘制基本型的结构线，规范标注，完成男上装基本型结构制图，如图 11-2 所示。

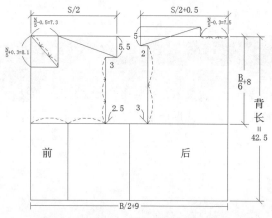

图 11-1　通用男上装基本型的绘图步骤一

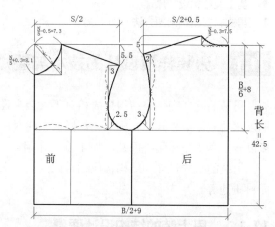

图 11-2　通用男上装基本型的绘图步骤二

范例——撇门男上装的基本型

利用 AutoCAD 2016 表格工具建立成品规格尺寸表。

成品规格尺寸表　　　　　号型：170/88A（撇门基本型）　　　　　单位（cm）

分类 \ 部位	胸围	腰围	臀围	颈围	总肩宽	前长	背长	备注
净尺寸	88	74	90	36.8	43.6	42.5	42.5	
成品尺寸	104			39	45.5	42.5	42.5	

利用 AutoCAD 2016 绘制 170/88A 男上装的撇门基本型。

操作步骤

01 启动 AutoCAD 2016，利用【直线】命令 ✐ 绘制基本型的结构框架。①绘制上平线、下平线；②绘制袖窿深线；③前、后肩斜线；④绘制前、后领口大小，如图 11-3 所示。

02 利用【直线】命令 ，、【多段线】命令 绘制基本型的结构线，规范标注，完成男上装基本型结构制图，如图 11-4 所示。

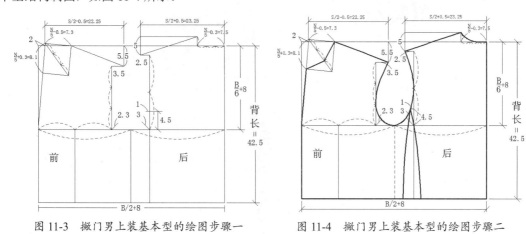

图 11-3　撇门男上装基本型的绘图步骤一　　　　图 11-4　撇门男上装基本型的绘图步骤二

11.1.3　男装各部位尺寸加放

男装各部位尺寸加放参考表　　　　　　　　　　　单位：cm

部位 品名	长 度 尺 寸		围 度 尺 寸				备注
	衣（裤）长	袖 长	胸围	腰围	臀围	领围	
短袖衬衫	齐虎口	肘部上 3	18~22			2~3	
长袖衬衫	齐虎口	虎口上 2	18~22			2~3	
西 装	齐虎口	虎口上 2	16~18			3~4	
两用衫	齐虎口	虎口上 2	18~22			4~5	
中山装	虎口下 2	齐虎口	16~18			3~4	
大 衣	膝盖	虎口下 2	24~30			10~12	
风 衣	膝盖下 5	齐虎口	24~30			10~12	
长 裤	离地 3			2~4	14~16		
短 裤	膝上 5-12			0~2	12~14		

男装部分款式图，如图 11-5 所示。

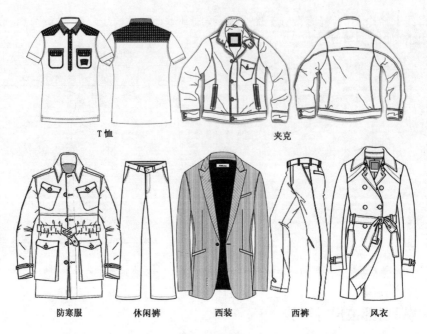

图 11-5　男装款式图

11.2　核心案例——经典男装的结构设计案例分析与绘制

本节详解几个典型的男装结构设计案例。

11.2.1　男式长袖衬衫

典型的男式长袖衬衫，如图 11-6 所示。

图 11-6　男式长袖衬衫款式图

1. 利用 AutoCAD 2016 表格工具建立成品规格尺寸表

成品规格尺寸表　　　　　　号型：170/88A（长袖衬衫）　　　　　　　　单位（cm）

分类＼部位	衣长	胸围	腰围	臀围	颈围	总肩宽	前长	背长
净尺寸		88	74	90	36.8	43.6	42.5	42.5
成品尺寸	75	108			40	46	42.5	42.5

2. 利用 AutoCAD 2016 绘制 170/88A 男式长袖衬衫

操作步骤

01 启动 AutoCAD 2016，利用【直线】命令 、【多段线】命令 绘制衬衫前、后片的结构线，规范标注，完成男式衬衫衣身的结构图，如图 11-7 所示。

02 利用【直线】命令 、【多段线】命令 绘制衬衫袖和衬衫领的结构线，规范标注，完成男式衬衫衣袖和衣领的结构图，如图 11-8 和图 11-9 所示。

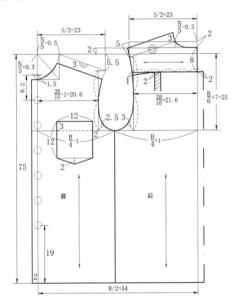

图 11-7　男式长袖衬衫的绘图步骤一

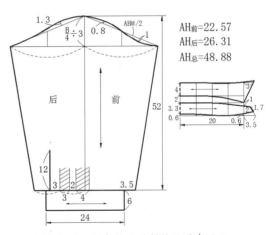

图 11-8　男式长袖衬衫的绘图步骤二

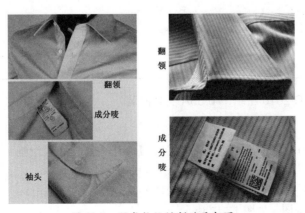

图 11-9　男式长袖衬衫的局部图

11.2.2　男式三粒扣西装、西裤

典型男式三粒扣西装、西裤如图 11-10 所示。

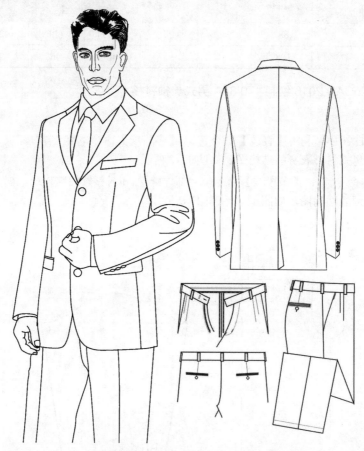

图 11-10　男式三粒扣西装和西裤款式图

1．建立成品规格尺寸表

成品规格尺寸表　　　　　　　号型：170/88A　（西装）　　　　　单位（cm）

分类＼部位	衣长	胸围	腰围	臀围	颈围	总肩宽	前长	背长
净尺寸		88	74	90	36.8	43.6	42.5	42.5
成品尺寸	74	105			40	45.5	42.5	42.5

2．利用 AutoCAD 2016 绘制 170/88A 男式西装

操作步骤

01 启动 AutoCAD 2016，利用【直线】命令、【多段线】命令绘制西装前、后片的结构线，规范标注，完成男式三粒扣西装衣身的结构图，如图 11-11 所示。

02 利用【直线】命令、【多段线】命令绘制西装大小袖的结构线，规范标注，完成男式三粒扣西装大小袖的结构图，如图 11-12 所示。

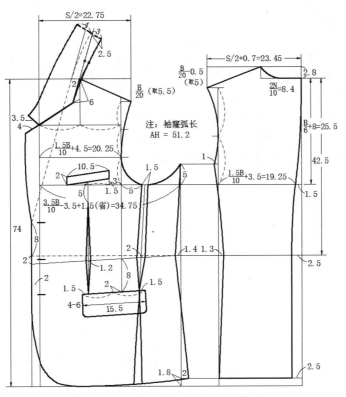

图 11-11 男式三粒扣西装的绘图步骤一

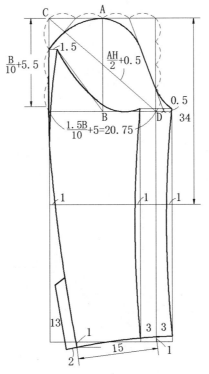

图 11-12 男式三粒扣西装的绘图步骤二

1. 建立成品规格尺寸表

成品规格尺寸表　　　　　　　　号型：170/74A　（西裤）　　　　　　　　单位（cm）

分类＼部位	裤长	臀围	腰围	立裆	脚口	备注
净尺寸		90	74			
成品尺寸	101	98-100	76-78	28	43-45	

2. 利用 AutoCAD 2016 绘制 170/74A 男式西裤

操作步骤

启动 AutoCAD 2016，利用【直线】命令 、【多段线】命令 绘制西裤前、后片的结构线，规范标注，完成男式西裤的结构图，如图 11-13 所示。

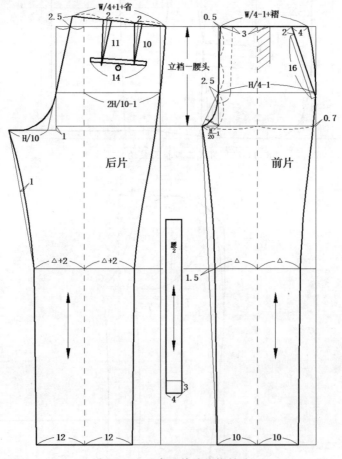

图 11-13　男式西裤的结构制图

11.2.3　男式风衣

男式风衣，如图 11-14 所示。

图 11-14 男式风衣款式图

1．建立成品规格尺寸表

成品规格尺寸表　　　　　　　　号型：170/88A　（风衣）　　　　　单位（cm）

分类＼部位	衣长	胸围	腰围	臀围	颈围	总肩宽	前长	背长
净尺寸		88	74	90	36.8	43.6	42.5	42.5
成品尺寸	110	114			43	48	42.5	42.5

2．利用 AutoCAD 2016 绘制 170/88A 男式风衣

操作步骤

01 启动 AutoCAD 2016，利用【直线】命令 、【多段线】命令 绘制风衣前、后片、领及袖的结构线，如图 11-15 所示。

02 规范标注，完成男式风衣的结构图，如图 11-16 所示。

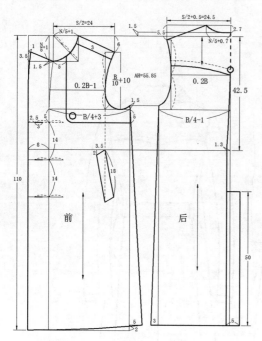

图 11-15　男式风衣结构制图一

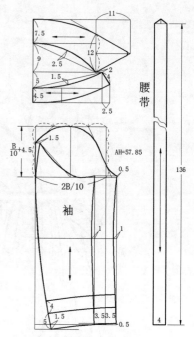

图 11-16　男式风衣结构制图二

11.2.4　男式夹克

男士夹克，如图 11-17 所示。

图 11-17　男式夹克款式图

1. 建立成品规格尺寸表

成品规格尺寸表　　　　　　　号型：170/88A 　（夹克）　　　　　　　单位（cm）

分类 \ 部位	衣长	胸围	腰围	臀围	颈围	总肩宽	袖长	袖口
净尺寸		88	74	90	36.8	43.6	55.5	
成品尺寸	70	120			46	50	60	28

2. 绘制 170/88A 男式夹克

操作步骤

01 启动 AutoCAD 2016，利用【直线】命令✎、【多段线】命令⟲ 绘制男式夹克的结构框架。①绘制上平线、下平线；②绘制袖窿深线；③前、后肩斜线；④绘制前、后领口大小；⑤规范标注，完成男式夹克衣身的结构制图，如图 11-18 所示。

02 利用【直线】命令✎、【多段线】命令⟲ 绘制男式夹克的领子、袖子的结构线，规范标注，完成男式夹克领子和袖子的结构制图，如图 11-19 所示。

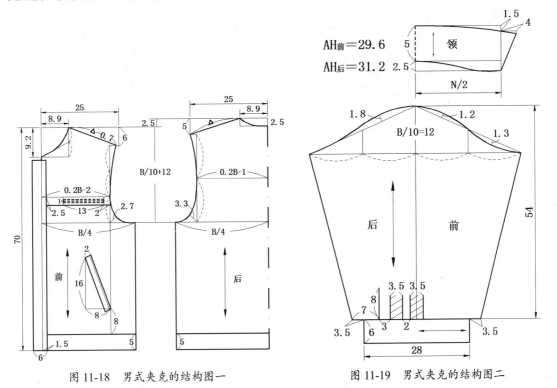

图 11-18　男式夹克的结构图一　　　　　　　　图 11-19　男式夹克的结构图二

11.3　核心案例——男式休闲衬衫结构设计

　　男装的风格特征与女装有很大的区别，男装着重于完美、整体的轮廓造型，简洁、合体的结构比例，严格、精致的制作工艺，优质、实用的服装面料，沉着和谐的服装色彩，此外还需要协调、得体的配饰物件。

衬衫作为男装的重要组成部分，对男性服装的发展起着积极的作用。在男装中休闲衬衫的变化最大，个性化最强，休闲男式衬衫受到女性服装的影响也变得丰富多彩，如图 11-20 所示。

图 11-20　男式休闲衬衫的款式图

1. 建立成品规格尺寸表

成品规格尺寸表		号型：170/88A		（休闲衬衫）			单位（cm）	
部位 分类	衣长	胸围	腰围	臀围	颈围	总肩宽	袖长	袖口
净尺寸		88	74	90	36.8	43.6	55.5	
成品尺寸	76	110			40	48	58	25

2. 绘制 170/88A 男式休闲衬衫

操作步骤

01 启动 AutoCAD 2016，利用【直线】命令、【多段线】命令绘制休闲衬衫衣身的结构线，规范标注，完成男式休闲衬衫衣身的结构图，如图 11-21 所示。

02 利用【直线】命令、【多段线】命令绘制休闲衬衫衣领、衣袖的结构线，规范标注，完成男式休闲衬衫衣领和衣袖的结构图，如图 11-22 所示。

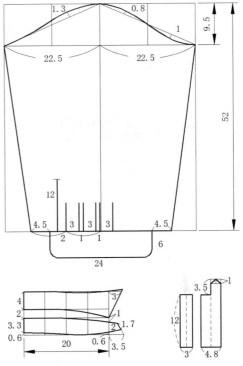

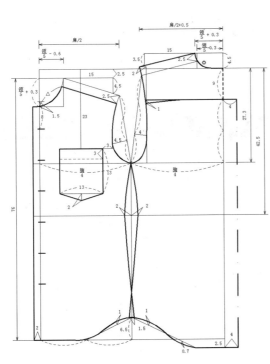

图 11-21　男式休闲衬衫结构制图一　　　　　图 11-22　男式休闲衬衫结构制图二

11.4　本章小结

　　本章主要讲解了男装结构的设计要素、男装结构设计原理、男装基本型的构成形式。列举了不同季节的典型款式，这些常见款式着重表现的是男性气质、风度和阳刚之美。一直以来衬衫、西装、夹克、风衣等都是男性服装的主流，它们强调的是严谨、挺拔、简练、概括的风格。

　　通过案例分析男装的结构构成相对女装要简单得多，没有什么内部结构线的变化，主要以款式变化为主，所以在结构设计中只要充分掌握基本型构成原理，熟悉我国成年男性号型标准，灵活运用即可，将基本型带入结构设计中，就能快速掌握男装的打板技巧，从而达到举一反三的目的。

第 *12* 章 各国流行原型样板参考

本章专门介绍世界各国不同服装原型结构设计的方法，了解一些发达国家基础原型样板的结构设计图样，理解这些比较先进的原型样板的构成原理，为创造我们自己的基础样板会有极大的帮助，但针对不同国家和地区，由于体型上的差异，任何先进的原型样板都不能照搬，必须结合我国自己民族的体型特征，按照我国最新的成衣规格号型系列设计出适合自己的原型样板才是最科学的。

本章知识点

◆ 不同国家服装原型结构设计方法　　　　◆ 英式女上装原型构成的方法
◆ 文化式女装新原型的制图方法　　　　　◆ 文化式男上装原型的制图方法
◆ 美式女上装原型构成的方法

12.1　不同国家服装原型结构设计方法

服装原型，就是各种服装结构设计过程中的基础图形。它不带任何款式，以最简单的形式表现人体原始的表面特征。根据覆盖人体各部位的不同，通常可分为衣身原型、衣袖原型和裙子原型等。服装原型主要用于工业化、批量化生产的服装结构设计。大多数原型的制图都采用胸度法，即以胸围尺寸为基准计算出其他部位的制图尺寸。

12.1.1　不同国家服装原型

在女装原型中日本文化式原型对我国影响最大，文化式旧原型采用的是胸度式的 6 分法，也就是相当于把人体看成六面体，其造型效果扁平、立体效果差。而文化式新原型采用的是胸度式的 8 分法，相对于旧原型立体感要好得多，但由于采用的是 8 分法，在省道设计中过于强调腰部总省量的分配，将过多的量分配到侧面和背部去了，而忽略了女装结构设计最重要的是胸部造型，针对胸腰省的不重视是文化式新原型的弱点。

在女装原型中欧美比较有代表性的是美式原型和英式原型。首先美式原型和英式原型同样采用的是胸度式，都使用 4 分法，即将人体简单的看成四面体，其纸样浑厚、立体感强，这和欧美人体体型有很大关系；其次美式原型和英式原型都比较重视女装的胸部造型，在省道设计中以胸腰省为重点，胸腰省取值最大，以突出胸乳丰满、圆润的感觉，视觉效果最佳。

不管是日本文化式原型还是美式原型和英式原型，这些原型法都不能全盘照搬，结合我国具体国情，洋为中用才能制作出适合我们自己服装结构设计所需要的服装原型。

12.1.2 不同国家服装原型结构设计方法图例

1. 日本文化式女装新原型

如图 12-1~ 图 12-5 所示。

文化式新原型的制图方法：

号/型	胸围	背长	袖长	腰围	臀围
160/84A	84	38	52	66	90

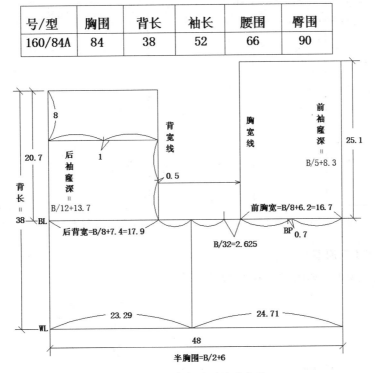

图 12-1 文化式新原型绘图步骤一

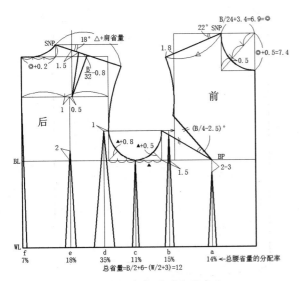

图 12-2 文化式新原型绘图步骤二

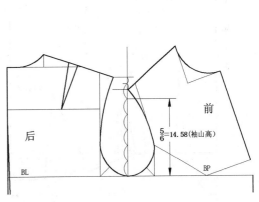

图 12-3 文化式新原型绘图步骤三

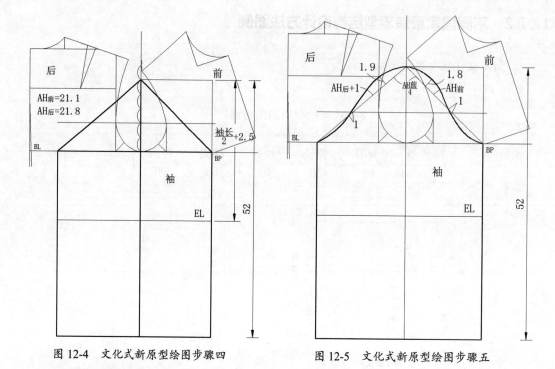

图 12-4　文化式新原型绘图步骤四

图 12-5　文化式新原型绘图步骤五

2. 美式女装上衣原型

美式女装上衣原型，如图 12-6 和图 12-7 所示。

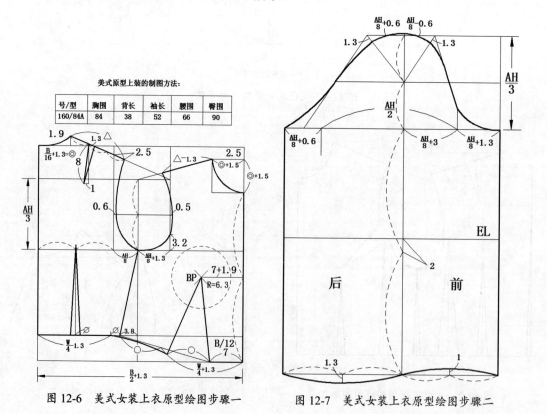

美式原型上装的制图方法：

号/型	胸围	背长	袖长	腰围	臀围
160/84A	84	38	52	66	90

图 12-6　美式女装上衣原型绘图步骤一

图 12-7　美式女装上衣原型绘图步骤二

3．英式女装上衣原型

英式女装上衣原型，如图 12-8 所示。

号/型	胸围	背长	袖长	腰围	臀围
160/84A	84	38	52	66	90

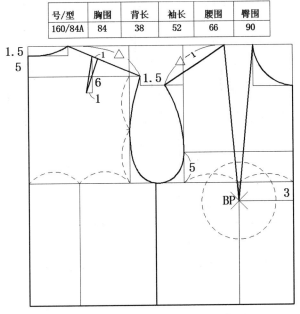

图 12-8 英式女装上衣原型的结构图

4．日本文化式男装上衣原型

如图 12-9～图 12-13 所示。

号/型	胸围	背长	袖长	腰围	臀围
170/90A	88	42.5	60	74	90

图 12-9 日本文化式男装上衣原型成品规格表

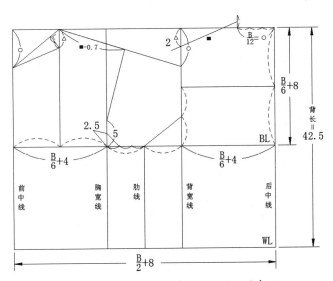

图 12-10 日本文化式男装上衣原型绘图步骤一

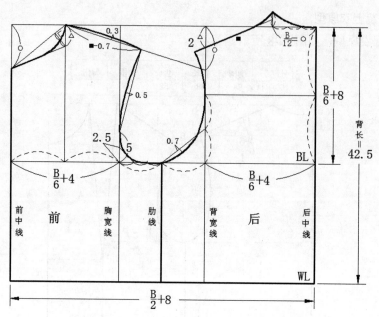

图 12-11　日本文化式男装上衣原型绘图步骤二

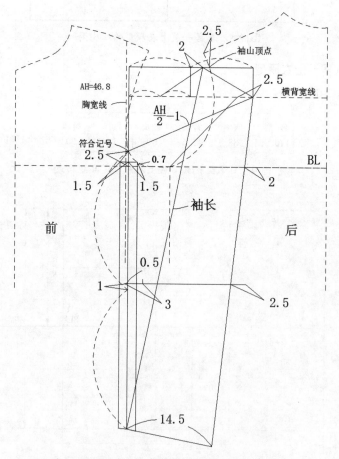

图 12-12　日本文化式男装上衣原型绘图步骤三

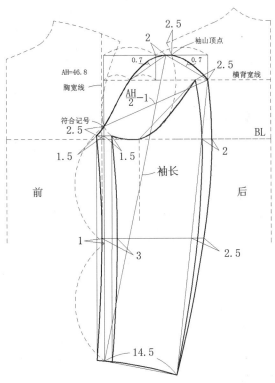

图 12-13　日本文化式男装上衣原型绘图步骤四

12.2　本章小结

　　本章以丰富知识为目的，让读者了解世界一些发达国家服装原型构成的原理和制图方法，更多地接触、分析外国先进的服装原型构成方法，洋为中用、取长补短才能设计出适合我国国情的服装基本样板。

　　本章重点介绍日本文化式原型、美式原型、英式原型的制图方法，读者可以通过了解这些比较先进原型构成方法，在基本型结构设计中加以借鉴，提高服装结构设计水平。

附：

参考文献

[1] 日本文化女子大学服装讲座 服装造型学 . 北京：中国纺织出版社，2004.

[2] 服装高等教育"十一五"部位级规划教材 服装号型标准及其应用 . 北京：中国纺织出版社，2009.